ANGEWANDTE PFLANZENSOZIOLOGIE

VERÖFFENTLICHUNGEN DES
INSTITUTS FÜR ANGEWANDTE PFLANZENSOZIOLOGIE
DES LANDES KÄRNTEN

HERAUSGEBER
UNIV.-PROF. DR. ERWIN AICHINGER

HEFT VIII

DER SCHLUCHTWALD UND DER BACH-ESCHENWALD

VON JOHANNES UND MARGARETE BARTSCH

Springer-Verlag Wien GmbH

1952

Schriftleiter:

Univ.-Prof. Dr. Erwin Janchen.

ISBN 978-3-211-80243-4   ISBN 978-3-7091-2402-4 (eBook)
DOI 10.1007/978-3-7091-2402-4

DR. JOHANNES BARTSCH

Johannes und Margarete Bartsch.

Ein edler Mensch und begeisterter Forscher auf dem Gebiete der Pflanzensoziologie und seine seelenverwandte Gattin und treue Arbeitsgenossin wurden als Opfer der Nachkriegszeit allzufrüh aus dem Leben und aus ihrem wissenschaftlichen Schaffen herausgerissen; es sind meine unvergeßlichen lieben Mitarbeiter J o h a n n e s und M a r g a r e t e B a r t s c h.

J o h a n n e s K a r l B a r t s c h wurde am 30. Juni 1895 in Seeheim (Kreis Wirsitz, im ehemaligen preußischen Regierungsbezirk Bromberg) als ältester Sohn des Volksschullehrers C a r l R e i n h o l d B a r t s c h und seiner Ehefrau M a l w i n e E l i s e, geb. Tancré, geboren. Der Vater konnte seine Vorfahren auf einen Gärtner J o h a n n G o t t f r i e d B a r t s c h in Danzig zurückführen; die Mutter stammte aus einer französischen Emigrantenfamilie. Nach der im Jahre 1900 erfolgten Versetzung des Vaters nach Berlin-Wilmersdorf besuchte der junge Johannes daselbst die Volksschule und das Reform-Realgymnasium, an welchem er zu Ostern 1914 das Abiturium bestand. Schon durch seinen naturliebenden Vater hatte er viele botanische Anregungen erhalten und wiederholt hatte er bereits den Botanischen Garten in Dahlem besucht. Nach dem Abiturium erlernte B a r t s c h zunächst in Potsdam-Sanssouci die Gärtnerei und widmete sich dann — mit mehrfachen Unterbrechungen durch Kriegsdienst — naturwissenschaftlichen, vor allem botanischen Studien an der Universität Berlin, wo die bekannten Professoren E n g l e r, D i e l s, G i l g, G r a e b n e r, H a b e r l a n d t, v o n G u t t e n b e r g, C o r r e n s, B a u r, C l a u s s e n und M a g n u s zu seinen Lehrern gehörten. Während das Krieges hatte er sich die Keime eines Lungenleidens zugezogen, das bald nach Kriegsende zum vollen Ausbruch kam und zu dessen Ausheilung er mehrere Monate in Davos verbrachte. Nach Ostern 1920 setzte B a r t s c h seine Studien in Freiburg i. Br. fort, wo O l t m a n n s, S t a r k, N o a c k, O v e r b e c k und R a w i t s c h e r seine botanischen Lehrer waren. Seine Doktordissertation betraf „Die Pflanzenwelt im Hegau und nordwestlichen Bodenseegebiete"; sie wurde hauptsächlich in den Jahren 1921 und 1922 ausgearbeitet und war eine der ersten pflanzensoziologischen Arbeiten in Deutschland, welche die Methoden quantitativer Vegetationsanalyse anwendete. Überanstrengung bei den letzten Vegetationsaufnahmen hatte eine Wiederkehr des alten Lungenleidens zur Folge, von welchem er zu Anfang 1923 neuerdings geheilt wurde. Am 1. Februar 1924 wurde J o h a n n e s B a r t s c h zum Dr. phil. nat. promoviert und im gleichen Jahre erschien dann auch seine 194 Seiten starke Dissertation im Druck.

Während der Jahre 1924 bis 1941 stand B a r t s c h hauptberuflich im Dienste der Textilfaserforschung, auf welchem Gebiete er nach eingehender theoretischer und praktischer Schulung auch eine größere Anzahl wissenschaftlicher Arbeiten veröffentlichte. Vom Herbst 1924 bis 1932 wirkte er als Biologe am Deutschen Forschungsinstitut für Textilstoffe in Karlsruhe (Baden), wo er bald der Leiter der Biologisch-chemischen Abteilung wurde. Vom Herbst 1932

bis 1941 war er Leiter des Betriebs- und Forschungs-Laboratoriums der Firma
Th. Jos. H e i m b a c h u. Co., Fabrik für Filztuche und technische Gewebe in
Düren (Rheinland). Auch während der 17 Jahre seiner Faserforschungstätigkeit
benützte B a r t s c h die Ferien und Freizeiten zu weiteren pflanzensoziologischen
Arbeiten, die er nun stets gemeinsam mit seiner Gattin durchführte. Am 2. Oktober 1925 hatte er nämlich eine frühere Universitätskollegin geheiratet, die
Studienassessorin Dr. M a r g a r e t e S c h u m a c h e r aus Lautenbach (Rench-
tal, Baden), geboren am 16. April 1896 zu Straßburg i. E. Die sehr glückliche,
aber kinderlose Ehe entwickelte sich zu einer engen wissenschaftlichen Arbeitsgemeinschaft. Als Früchte derselben erschienen unter anderen folgende gemeinsame Veröffentlichungen:

Buche, Tanne und Fichte im Süd-Schwarzwald und in den Süd-Vogesen. 1929.
Die Pflanzengeographische Bedeutung des Kraichgaues. 1930.
Vegetationskunde des Schwarzwaldes. 1940 (229 S., 2 Karten, 65 Textabb.).

Besonders durch die letztgenannte Arbeit wurde der Name B a r t s c h in
den Fachkreisen der Botaniker und Pflanzensoziologen sehr bekannt. Eine aus-
gesprochen forstwissenschaftliche Richtung hatte die Gemeinschaftsarbeit: Über
den natürlichen Gesellschaftsanschluß der Fichte im Schwarzwald und ihren
Einfluß auf den Standort bei künstlichem Anbau. B a r t s c h stand bereits seit
etwa 1927 mit zahlreichen Pflanzensoziologen in wissenschaftlichem Briefwechsel
und Schriftenaustausch. Ich selbst lernte ihn im Juni 1927 auf einer inter-
nationalen Exkursion in Südwest-Deutschland kennen und ich hatte schon damals von ihm den besten Eindruck.

Als ich daher später für mein Institut für angewandte Pflanzensoziologie,
damals in St. Andrä bei Villach, einen geschulten und erfahrenen, zu selbst-
tätiger Forschung befähigten Mitarbeiter suchte, war es naheliegend, daß ich an
B a r t s c h herantrat. In seiner selbstlosen Liebe zur Pflanzensoziologie und zu
einer rein wissenschaftlichen Betätigung verließ nun B a r t s c h seine gesicherte
und einträgliche Stellung in Düren und trat am 1. Oktober 1941 in meinem
Institut ein. Damit begann für ihn ein neuer, vielverheißender Lebensabschnitt,
der leider nur zu kurz dauern sollte.

Gleichzeitig mit Dr. J o h a n n e s B a r t s c h kam auch seine Gattin
Dr. M a r g a r e t e B a r t s c h, geb. S c h u m a c h e r, an mein Institut.

Die beiden Mitarbeiter, Herr Dr. J o h a n n e s B a r t s c h und Frau
Dr. M a r g a r e t e B a r t s c h, führten im Institut bis zum Sommer 1945 im
wesentlichen folgende Arbeiten aus:

1. Sammlung der gesamten pflanzensoziologischen Literatur Europas in
einer Autorenkartei und deren laufende Vervollständigung.

2. Schaffung von kritischen Übersichten über forstlich wichtige Pflanzengesellschaften, mit dem Ziele, die in verschiedenen Ländern nach verschiedenen
Methoden und unter Benützung verschiedener Gesellschaftsbezeichnungen ge-
wonnenen soziologischen Ergebnisse unmittelbar vergleichbar und für den
Praktiker zugänglich zu machen. Im Sommer 1944 wurden als Ergebnis zwei
druckfertige Manuskripte eingereicht, betitelt:

B a r t s c h, J. u. M.: Übersichten über die Pflanzengesellschaften Mitteleuropas auf Grund der pflanzensoziologischen Literatur.

   I. Der Schluchtwald *(Acereto-Fraxinetum).*
   II. Der Bach-Eschenwald *(Cariceto remotae-Fraxinetum).*

DR. MARGARETE BARTSCH

3. Karteimäßige Aufnahmen von Verbreitungskarten pflanzengeographisch und -soziologisch wichtiger Arten auf Grund der vorhandenen Literatur.

4. Als Vorarbeit zur Klärung und Vereinheitlichung der Nomenklatur der Pflanzengesellschaften hat Frau Dr. B a r t s c h ihrem Mann bei der Arbeit über die Nomenklatur von etwa hundert pflanzensoziologisch wichtigen Artnamen geholfen.

5. Im Sommer 1942 übertrug das Institut Frau Dr. B a r t s c h die Aufgabe, das Gebiet der Görlitzen bei Villach pflanzensoziologisch im Maßstab 1 : 10.000 zu kartieren. Der dabei verfolgte Zweck war einerseits der Versuch einer Darstellung von Vegetationseinheiten im größeren Maßstab, andererseits eine Gewinnung von Unterlagen für die praktische Auswertung der Karte im Hinblick auf die Trennung von Wald und Weide in den Ostalpen. Das Ergebnis war eine mehrfarbige Vegetationskarte der Görlitzen im Maßstab 1 : 10.000, 100 × 76 cm groß, samt Erläuterungen*). Eine pflanzensoziologische Karte des gleichen Gebietes im Maßstab 1 : 5.000 ist begonnen worden.

6. Im Zusammenhang mit dieser praktischen Kartierungsarbeit hat Frau Dr. B a r t s c h die Literatur über Vegetationskartierung karteimäßig gesammelt, mit dem Ziel einer kritischen Untersuchung über die bisherigen vegetationskundlichen Kartierungsmethoden und -ergebnisse.

7. In den Jahren 1943 und 1944 hat Frau Dr. B a r t s c h die landwirtschaftlichen Versuchsfelder des Institutes auf der Görlitzen laufend pflanzensoziologisch kontrolliert und botanische Heuanalysen ausgeführt.

8. 1944/45 hat Frau Dr. B a r t s c h zusammen mit ihrem Mann 14 Blätter der „Karte des Deutschen Reiches 1 : 300.000", Nordwest-, West- und Südwestdeutschland umfassend, bezüglich der Frage der landwirtschaftlichen Zwischennutzung von Waldflächen bearbeitet.

9. Weiters hat Frau Dr. B a r t s c h eine größere Karte Europas im Maßstab 1 : 6,500.000 gezeichnet, die die Namen der Pflanzensoziologen in den betreffenden Gebieten eingetragen enthält, wo sie vegetationsanalytisch gearbeitet haben.

10. Endlich wurde eine beschreibende Zusammenstellung von etwa 130 wildwachsenden Pflanzen Mitteleuropas begonnen, die zusätzlich für die menschliche Ernährung in Betracht kommen.

Neben den laufenden Verwaltungsarbeiten in der Institutsbücherei, die seit 1941 beträchtlich erweitert werden konnte, hat Frau Dr. B a r t s c h zur Erleichterung der Benützung der Bibliothek eine Autorenkartei und eine ausführliche Sachgebietskartei geschaffen und bis zuletzt vervollständigt.

Mit 30. Juni 1945 erfolgte der Austritt von J o h a n n e s und M a r g a r e t e B a r t s c h aus den Diensten meines Institutes im Rahmen der allgemeinen Rückführung reichsdeutscher Angestellter. Aber erst im Sommer 1946 übersiedelte das Ehepaar aus Arriach nach Lautenbach in Baden zu den Angehörigen der Frau M a r g a r e t e B a r t s c h. Kaum, als sich im Herbst 1947 über die Grenzen hinweg die wissenschaftliche Zusammenarbeit wieder anbahnte, erkrankte Dr. J o h a n n e s B a r t s c h am 16. Oktober an einer schweren Diphtherie, welche Krankheit leider durch Herzlähmung am 22. Oktober 1947 zu seinem Tode führte.

Dr. M a r g a r e t e B a r t s c h starb am 15. August 1948 in Lautenbach und wurde daselbst an der Seite ihres Gatten im Familiengrab beerdigt. Obwohl

---

*) Veröffentlicht im Heft II der „Angewandte Pflanzensoziologie", Veröffentlichungen des Instituts für angewandte Pflanzensoziologie des Landes Kärnten, in der Arbeit: Vegetationskundliche Vorarbeiten zur Ordnung von Wald und Weide, Springerverlag, Wien 1951.

sie leidend war, ist ihr Ableben dennoch unerwartet rasch erfolgt, was wohl
dem Verlust ihres Mannes in erster Linie und dann wohl auch der Umstellung
auf der ganzen Linie zuzuschreiben ist.

Die Hoffnung für beide auf eine allfällige spätere Rückkehr in ihren ge-
liebten Wirkungskreis hat sich somit leider nicht erfüllen können. So schrieben
sie beide am 21. Mai 1946: „Wir wollen jedenfalls versuchen, die im Institut
für angewandte Pflanzensoziologie begonnene große Arbeit an den Pflanzengesellschaften in Lautenbach fortzusetzen. Mit der Besserung der Verhältnisse
ist auch zu hoffen, daß wir die schriftliche Verbindung mit Ihnen wieder auf-
nehmen können, um so zu erfahren, wie es Ihnen und Ihrem Institut geht.
Denn wir fühlen uns auch nach unserer Heimkehr nach dem Schwarzwald
weiterhin mit Ihnen und dem Institut eng verbunden."

Die nachstehend veröffentlichte Arbeit war bereits zu Anfang April 1944
im Manuskript im wesentlichen abgeschlossen. Bis April 1945 wurde sie noch
durch einige Literaturauszüge ergänzt. Sie sollte nur der erste Anfang einer
langen Reihe ähnlicher Übersichten sein. Daher lautete der Titel ursprünglich
„Übersichten über die Pflanzengesellschaften Mitteleuropas auf Grund der
pflanzensoziologischen Literatur"; dies mußte nunmehr sinngemäß abgeändert
werden. Im übrigen ist die Arbeit, von geringfügigen redaktionellen Änderungen
und Kürzungen abgesehen, unverändert geblieben. Die persönliche Eigenart und
Anschauung der Verfasser wurde voll gewahrt. Auch die Nomenklatur, die
nicht durchwegs mit der in anderen Veröffentlichungen meines Institutes durch-
geführten Nomenklatur übereinstimmt, wurde mit ganz wenigen Ausnahmen
unverändert belassen.

A r r i a c h, im Sommer 1952.

Erwin A i c h i n g e r.

Einleitung.

Als junger Wissenschaftszweig besitzt die Pflanzensoziologie noch keine eigenen größeren Mitteilungsorgane, und es hängt mit ihren engen Beziehungen zu zahlreichen Nachbarwissenschaften sowie ihrer Bedeutung für die angewandten Wissenschaften zusammen, daß ihre Untersuchungsergebnisse zum größten Teil als Beiträge in sehr verschiedenartigen Fachzeitschriften und Veröffentlichungsreihen erschienen sind. In Betracht kommen nicht nur in- und ausländische biologische, sondern auch geographische, geologische, forstliche, landwirtschaftliche, kulturtechnische, Raumplanungs- und Naturschutz-Zeitschriften u. dgl., dazu zahlreiche mehr oder weniger bekannte oder unbekannte Mitteilungsblätter der Heimatforschung, also Schriften, zu denen der soziologisch Interessierte oft keinerlei sonstige Beziehungen besitzt. Die Beschaffung der pflanzensoziologischen Literatur zur Einsichtnahme wird durch diesen Umstand erheblich erschwert.

Wenn sich der Pflanzensoziologe über eine bestimmte Pflanzengesellschaft unterrichten will, so erwachsen ihm weitere Schwierigkeiten aus der vielfach uneinheitlichen und wechselnden Benennung der Pflanzengesellschaften.

Hierin liegt ein ernsthaftes Hindernis für die weitere Entwicklung und den Aufstieg der pflanzensoziologischen Wissenschaft und insbesondere für die Nutzbarmachung pflanzensoziologischer Methoden und Erkenntnisse für die Praxis.

Wir haben es uns daher zum Ziele gesetzt, Übersichten über die einzelnen Pflanzengesellschaften bzw. Gesellschaftsgruppen zu schaffen, die in gedrängter Form über die Hauptergebnisse der einschlägigen Arbeiten möglichst bis zum heutigen Stande der Kenntnisse unterrichten und besonders dem Anfänger und den Vertretern interessierter Nachbarwissenschaften sowie der angewandten Fachrichtungen das Hindurchfinden durch wechselnde Bezeichnungen und Auffassungen erleichtern sollen.

Den Kern unserer „ÜBERSICHTEN ÜBER DIE PFLANZENGESELL-SCHAFTEN MITTELEUROPAS" soll jeweils eine Synonymenliste der Gesellschaftsbezeichnungen samt den zugehörigen Auszügen aus den Originalarbeiten und einem vollständigen Schriftenverzeichnis bilden; eine einleitende zusammenfassende Überschau soll ein Gesamtbild der Gesellschaft entwerfen und der raschen Unterrichtung des Lesers über die Hauptprobleme dienen.

Das Bedürfnis nach einer Übersicht und nach einer Ordnung in dem bisher von den verschiedenen Pflanzensoziologen erarbeiteten Material ist in allen Ländern schon länger empfunden und daher vom „Comité international de la S. I. G. M. A. pour une nomenclature et un prodrome phytosociologiques", das 19 Länder umfaßt und dem der Leiter unseres Institutes, Herr Prof. Dr. ERWIN AICHINGER, von Anfang an (1931) angehört, auf das Programm der vordringlichen Arbeiten gesetzt worden. Bezüglich einiger Pflanzengesellschaften und

Länder haben die bisher erschienenen Hefte des „Prodromus der Pflanzengesellschaften" und der „Bibliographia phytosociologica" schon wertvolle Arbeit geleistet.

Um Mißverständnissen vorzubeugen, wollen wir betonen, daß Ziel und Anlage unserer Zusammenstellungen jedoch etwas anderer Art sind als z. B. beim Prodromus. Während jene Veröffentlichungsreihe hauptsächlich auf den Aufbau und Ausbau eines Systems der Pflanzengesellschaften auf floristischer Grundlage gerichtet ist und die Ergebnisse älterer Untersuchungen zusammen mit neu beigebrachtem Material hauptsächlich jenem Zweck zu dienen haben, sammelt unsere Veröffentlichungsreihe lediglich den bereits veröffentlichten Stoff, ohne ihn in einer bestimmten Richtung weiter zu verarbeiten. Dagegen legen unsere „Übersichten" Wert darauf, den Anteil, den die einzelne Veröffentlichung für den Fortschritt der bisherigen Erkenntnis besitzt, genauer aufzuzeigen, wobei die chronologische Reihenfolge der Auszüge zugleich die geschichtliche Entwicklung widerspiegeln soll.

Auf Auffassungsverschiedenheiten bei den einzelnen Verfassern, auf verschiedene Abgrenzung, Benennung und Einordnung der Pflanzengesellschaften wird besonders hingewiesen. Die Gegenüberstellung der Ergebnisse verschiedener Forscher und Auffassungsrichtungen wird in dem einen oder anderen strittigen Punkt bereits eine Klärung bedeuten, der Hinweis auf Lücken oder Widersprüche zu neuen Untersuchungen anregen. Offensichtliche Irrtümer sollen im Interesse der Sache nach Möglichkeit berichtigt werden.

Die ausführlich gehaltenen Auszüge werden den Leser mehr oder weniger in die Lage setzen, die Ergebnisse der einzelnen Untersuchungen auch selbst kritisch zu vergleichen und sie für eigene Arbeiten nutzbar zu machen. Bezüglich dieser Auszüge aus den Originalarbeiten möchten wir allerdings darauf aufmerksam machen, daß es nicht möglich ist, immer sämtliche Pflanzenarten der soziologischen Bestandesaufnahmen mitzuteilen, sondern daß wir uns darauf beschränken müssen, eine Auswahl der wichtig erscheinenden Arten zu geben. Es besteht dabei die Möglichkeit, daß die eine oder andere Art wegfällt, von der sich später herausstellen wird, daß sie doch für die Beurteilung bestimmter Fragen von Bedeutung ist. Der Leser möge sich dessen bewußt bleiben, daß für manche Zwecke das Studium der Originalarbeiten, insbesondere der Bestandesaufnahmen und Tabellen, unerläßlich bleibt. Wir hoffen jedoch, daß für viele Zwecke die Auszüge hinreichend ausführlich gehalten sind.

Die beigegebenen Schriftenverzeichnisse mit genauen, vollständigen Zitaten werden nicht überflüssig sein, weil die bisher erschienenen Hefte der „Bibliographia phytosociologica", welche das gesamte pflanzensoziologische Schrifttum sammeln will und auch als notwendige Ergänzung zum Prodromus gedacht ist, diesem nicht Schritt halten, sondern nur erst die Literatur einzelner Teilgebiete Europas und nur bis zum Jahre 1939 umfassen.

Durch unsere „Übersichten" hoffen wir zugleich Vorarbeit zu leisten für eine spätere Vereinheitlichung der Assoziationsnamen, die im Interesse einer Verständigung im größeren Kreise notwendig ist.

Auch das Verbreitungsbild der Gesellschaften wird durch unsere Zusammenstellungen in seinen Einzelzügen klarer heraustreten; für manche Pflanzengesellschaften wird es bereits jetzt möglich sein, eine Verbreitungskarte beizufügen.

Da infolge der gegenwärtigen Kriegsverhältnisse die in unseren „Übersichten" erstrebte Vollständigkeit schwer zu erzielen ist, werden wir sehr dankbar sein, wenn wir auf Lücken im Schrifttum aufmerksam gemacht werden, die dann später in „Nachträgen", deren Notwendigkeit sich sowieso aus dem Fortschritt der Wissenschaft ergibt, beseitigt werden sollen.

Wir beginnen diese Veröffentlichungsreihe mit Übersichten über einige Waldgesellschaften, und zwar erscheinen zunächst:

I. Der Schluchtwald;
II. Der Bach-Eschenwald.

Das Manuskript war im wesentlichen abgeschlossen am 6. April 1944; es wurde durch einige Literaturauszüge ergänzt bis April 1945.

Weitere Waldgesellschaften sollen sich zu gegebener Zeit in zwangloser Reihenfolge anschließen.

I. Der Schluchtwald
(Acereto-Fraxinetum).

A. Zusammenfassende Übersicht.

1. DIE ASSOZIATIONSNAMEN (SYNONYMEN-LISTE UND ERLÄUTERUNGEN DAZU).

Assoziationsnamen (Synonyme):

Acer Pseudoplatanus-Fraxinus excelsior-Assoziation, oder abgekürzt:
Acereto-Fraxinetum der Verfasser (KOCH 1926, TÜXEN 1931, 1937 etc.), der überwiegend gebrauchte Name.
Phyllitido-Acereto-Ulmetum von FABER 1933.
Scolopendrieto-Fraxinetum von SCHWICKERATH 1937.
Ulmeto-Aceretum lunarietosum von KUHN 1937.
Aceretum Pseudoplatani von SILLINGER 1933, SVOBODA 1935, 1939, KLIKA 1936, MIKYSKA 1939.
Acer Pseudoplatanus-Lunaria rediviva-Assoziation von KLIKA 1936 (bei MOOR 1938 in der Form „*Acereto-Lunarietum* KLIKA 1936").
Ulmeto-Aceretum von ISSLER 1925/1926, 1931, 1942 (deckt sich etwa mit der Subassoziation von *Cicerbita alpina* des *Acereto-Fraxinetum* von TÜXEN 1937).
Dryopteris lobata - Tilia platyphyllos-Assoziation von TÜXEN und DIEMONT 1936 (= südwestliche Ausbildungsform der Gesellschaft, = *Acereto-Fraxinetum pyrenaicum*, KNAPP 1942).

Nicht gleichzusetzen sind:

Acereto-Ulmetum von BEGER 1922.
Aceretum Pseudoplatani von WINTELER 1927.
Assoziation von *Fraxinus excelsior* und *Acer Pseudoplatanus* von LIBBERT 1930.

Bisher gebrauchte deutsche Bezeichnungen der Gesellschaft:

Schluchtwald, GRADMANN 1900 (näheres s. Text!).
Bergahorn-Eschenwald oder Schluchtwald, TÜXEN 1931.
Eschenschluchtwald, SCHWICKERATH 1933.

Ulmen-Ahorn-Eschenwald, oder
Steinschluchtwald, oder
Steinschutt-Schluchtwald, FABER 1936, SCHLENKER 1939, 1940.
Felsschluchtbestände, GRADMANN 1936.
Bergahorn-Ulmen-Wald, oder
Hirschzungen-Wald, FEUCHT 1937.
Eschen-Ahorn-Schluchtwald, TÜXEN 1937, KÄSTNER 1941, POHL 1941/1942,
    KNAPP 1944.
Lunaria-Bergahornwald, oder
Lunaria-Schluchtwald, oder
Lunaria-Wald, KUHN 1937.
Hirschzungen-reicher Eschen-Schluchtwald, SCHWICKERATH 1937.
Ulmen-Ahornwald mit Silberblatt, oder
Geröllwald, KOCH und GAISBERG 1938.
Hirschzungen-reicher Schluchtwald, SCHWICKERATH 1939.
Bergahorn-Eschen-Schluchtwald, BARTSCH 1940.
Bergahorn-Eschen-Ulmen-Schluchtwald, MEUSEL 1942.
Lunaria rediviva-reicher Schluchtwald, MEUSEL 1943.
Hirschzungen-reicher Eschenwald, SCHWICKERATH 1944.

Die „Formation des Schluchtwaldes" von KELHOFER 1915 ist nicht gleich-
    zusetzen, ebensowenig der „Schluchtwald" bei BARTSCH 1925, S. 32—36,
    OLTMANNS 1927, S. 566, WANGERIN 1926, S. 244 ff., TROLL 1926,
    S. 47—49, HUECK 1938, Taf. 34, SIGMOND 1941, S. 668, 671, 682.

„Eschenschluchtwald" ist bei ROLL (1939, S. 82) die deutsche Bezeichnung für
    eine andere Gesellschaft, das *Cariceto remotae-Fraxinetum*.

Der Bergahorn-Eschenwald von OBERDORFER 1936 will kein Beispiel für den
    Schluchtwald sein (von BUCK-FEUCHT 1937 dazu gerechnet).

Der deutsche Name S c h l u c h t w a l d geht auf R. GRADMANN zurück.
Der Verfasser des „Pflanzenleben der Schwäbischen Alb" (1. und 2. Aufl., 1898
und 1900) benannte seinen Schluchtwald nach dessen „hauptsächlichsten Vor-
kommen in den engen, düsteren, wasserreichen Thalschluchten namentlich des
unteren Weißen Jura", der ein Wald des feuchten, t o n i g e n Bodens ist.
Seither hat der Begriff „Schluchtwald" eine Wandlung erfahren.
Schluchtartige Gelände-Einschnitte können ohne Zweifel verschiedene
Pflanzengesellschaften beherbergen, ja es können innerhalb derselben Schlucht
mehrere Gesellschaften verwirklicht sein, je nach den örtlich herrschenden
Bodenverhältnissen. In pflanzengeographischen Beschreibungen nach 1900 in
SW- und S-Deutschland und in der Schweiz ist zunächst der Name Schluchtwald
ohne feinere Unterscheidung auf verschiedenartige Bestände in Schluchten, To-
beln usw. angewandt worden, so z. B. von KELHOFER (1915), J. BARTSCH
(1925), TROLL (1926), OLTMANNS (1927), und ähnlich verhält es sich mit
den Schluchtwäldern an der west- und ostpreußischen Ostsee-Küste (WAN-
GERIN 1926; vergl. auch HUECK 1938).
Mit WALO KOCH (1926) beginnt die genauere soziologische Erfassung
und Differenzierung. KOCH wollte den „Schluchtwald" aufgeteilt sehen in

mindestens zwei Gesellschaften: das *„Cariceto remotae-Fraxinetum"* als Bachränder begleitende Gesellschaft, und den *„Acer Pseudoplatanus-Fraxinus excelsior*-Wald" der Steilhänge. Durch die Gesellschaftsabgrenzung von TÜXEN 1931 bzw. 1937 sowie von FABER 1936 wurde der Begriff des Schluchtwaldes endgültig eingeengt auf die Bergahorn- und Eschen-reichen, durch *Scolopendrium* und *Lunaria* charakterisierten Bestände der steinüberschütteten Steilhänge in luftfeuchten Schattenlagen („Steinschutt-Schluchtwald" FABERS, „Felsschluchtbestände" GRADMANNS 1936 zum Unterschied vom „Schluchtwald" des [tonigen!] Weißen Jura und des Braunen Jura). Dabei hat TÜXEN den alten KOCHschen Namen *„Acereto-Fraxinetum"* beibehalten, FABER hat gleichzeitig mit seiner Abgrenzung einen neuen Namen geschaffen, *„Phyllitido-Acereto-Ulmetum"* (von *Phyllitis = Scolopendrium vulgare,* die Hirschzunge),*) der sich in Schwaben fast allgemein eingeführt hat; doch gebrauchte KUHN 1937 eine andere Bezeichnung, *„Ulmeto-Aceretum lunarietosum"*. SCHWICKERATH hat sich in der Eifel auf den Namen *„Scolopendrieto-Fraxinetum"* festgelegt.

Hier, wie bei manchen anderen Gesellschaften, sollte man sich doch auf einen einheitlichen Assoziationsnamen einigen! Die Beibehaltung des an W. KOCH und damit auch an GRADMANN anknüpfenden Namens *„Acereto-Fraxinetum"* hätte für sich, daß sie der in den Prodromus-Regeln (1933, Punkt 7) ausgesprochenen Empfehlung entspricht, wonach bei Aufteilung einer Assoziation ihr Name einer der ausgegliederten Assoziationen beizulegen ist. *„Phyllitido-Acereto-Ulmetum"* charakterisiert an sich die Gesellschaft treffender, ist aber umständlicher und bisher nur in einem kleineren Gebiet gebräuchlich; ungünstig könnte sich ferner auswirken, daß auch der Gattungsname *Phyllitis* nomenklatorisch umstritten ist und man den Namen *Scolopendrium* als zu schützenden Gattungsnamen auf die Ausnahmenliste gesetzt hat.**) Ganz abgesehen von der nicht erfüllten Priorität kommt der Name *„Ulmeto-Aceretum lunarietosum"* nicht in Betracht, weil die Endung *„-etosum"* eine Subassoziation vortäuscht. *„Scolopendrieto-Fraxinetum"* ist weniger auf den Typus der Gesellschaft als auf die relativ Bergahorn-ärmeren Bestände in der Eifel zugeschnitten.

Eine Einigung auf einheitliche Benennung der Assoziationen hätte allgemein den Vorteil, daß dann der Autorname hinter der Assoziationsbezeichnung, der für die meisten Zwecke eine unnötige Belastung darstellt, ganz wegfallen könnte. Ohnehin wird man in speziellen Untersuchungen ja immer auf die grundlegenden Arbeiten zurückgreifen und sie zitieren müssen. Dagegen ist es in manchen Fällen nicht einfach, die gültige Abgrenzung der betreffenden Gesellschaft einem bestimmten Verfasser zuzuschreiben. Gerade der Schluchtwald, an dessen Erkennung und Fassung mehrere Forscher gearbeitet haben, bietet dafür ein Beispiel: Man liest bei TÜXEN (1937, S. 146) *„Acereto-Fraxinetum typicum* (GRADMANN) TX.1937", bei MOOR in der Systematik der *Fagetalia* (1938, S. 456) *„Acereto-Fraxinetum* (KOCH 1926) TX. 1931", und bei KNAPP (1942) *„Acereto-Fraxinetum* (KOCH 1926) TX. 1937"!

Die Nomenklatur der Gesellschaft wurde so ausführlich besprochen, weil eine Klärung der Lage die notwendige Vorbedingung für eine künftige Vereinheitlichung darstellt. Bis zu dieser Einigung bleibt uns zum Glück der Aus-

---

*) Über die von uns angewendete Art-Nomenklatur vgl. S. 15—16.

**) Es war kein internationaler Beschluß, sondern nur ein Antrag. Vgl. JANCHEN E., Zur Nomenklatur der Gattungsnamen. H. Repert, spec. nov., 52, 1943, S. 144—161. Die Schriftleitung. Der Antrag wurde bereits 1910 abgelehnt. Der Name *Phylitis* steht jetzt allgemein in Gebrauch.

weg, die treffende deutsche Bezeichnung „Schluchtwald" (im oben beschriebenen engeren Sinne als „S t e i n s c h u t t - S c h l u c h t w a l d") zu gebrauchen.

Vielfach findet man im Schrifttum auch das *Acereto-Ulmetum* BEGERS (1922) dem Schluchtwald gleichgesetzt. Dieses „Bindeglied zwischen *Fagetum* und *Alnetum (incanae!)*" ist nicht identisch mit unserer Gesellschaft, ebenso nicht das mit jener Gesellschaft verwandte *„Aceretum Pseudoplatani"* von WINTELER (1927). Beide Gesellschaften sind z. B. bei KLIKA (1932, 1936) irrtümlich mit dem Schluchtwald i. e. S. gleichgesetzt worden.

Das ISSLERsche *Ulmeto-Aceretum* aus den Vogesen (in den älteren Arbeiten nicht selten irrtümlich dem *Acereto-Ulmetum* BEGERS gleichgesetzt, wie z. B. bei WINTELER 1927, TÜXEN 1928, KLIKA 1932, 1936), wird meist ohne weiteres als Schluchtwald angesprochen, doch entspricht es nicht dem ganzen Umfang des Schluchtwaldes, sondern nur dessen Subassoziation von *Cicerbita alpina.*

Die von LIBBERT (1930) unter dem Namen *„Fraxinus excelsior-Acer Pseudoplatanus-*Assoziation" beschriebenen Bestände vom Fallsteingebiet sind — entgegen der Deutung von LIBBERT selber, von TÜXEN (1931) und von KLIKA (1932, 1936) — n i c h t die gleiche Gesellschaft wie der Schluchtwald. Zu Verwechslungen Anlaß geben könnte die deutsche Bezeichnung „Eschenschluchtwald" für das *Cariceto remotae-Fraxinetum* bei ROLL (1939).

Die deutsche Bezeichnung Schluchtwald ist auf verschiedenartige verwandte Assoziationen im Sudetenland angewendet worden (SIGMOND 1941, S. 668, 671, 682).

2. FLORISTISCH-SOZIOLOGISCHER AUFBAU DES SCHLUCHTWALDES.

Bergahorn und Esche, Sommerlinde und Bergulme sind nicht nur die bezeichnenden, sondern auch die dominierenden Holzarten des Schluchtwaldes. Von diesen kann unseres Erachtens keine geradezu als Charakterart angesehen werden, selbst nicht *Tilia platyphyllos,* weil alle auch in anderen Gesellschaften eine wesentliche Rolle spielen (z. B. der Bergahorn an der Grenze zwischen der Buchenwald- und der Fichtenwaldstufe in den an subalpinen Hochstauden reichen Wäldern, die Esche in Auenwäldern der Flüsse und im Bach-Eschenwald, die Linde im lichten Blockhaldenwald). Schon eher ist das g e m e i n s a m e Auftreten der genannten vier Baumarten bezeichnend für die Gesellschaft. Trotzdem kann in den niedrigeren Gebirgen Nordwestdeutschlands beispielsweise der Bergahorn zur Charakterisierung der Gesellschaft als „lokale Charakterart" brauchbar sein (SCHWICKERATH 1937, TÜXEN 1937, DIFMONT 1938). Gegen die Grenzen der regionalen oder der Höhen-Verbreitung des Schluchtwaldes kann die eine oder andere dieser Holzarten ausfallen: in den von KLIKA 1936 in der Großen Fatra, von SILLINGER 1933 in der Niederen Tatra, von MIKYSKA 1939 im Slowakischen Mittelgebirge, von POHL 1941 in den mährisch-schlesischen Beskiden beschriebenen Beständen fehlt die Sommerlinde, teilweise auch die Esche (MIKYSKA 1939), und im Schluchtwald der Pyrenäen vermißten TÜXEN und DIEMONT (1936) Bergahorn und Esche.

Wesentlich ist, daß im optimal ausgebildeten Schluchtwald die Buche nicht konkurrenzfähig ist und in der ursprünglichen Zusammensetzung fehlt. Natürlich bestehen aber häufig Übergänge zwischen dem Schluchtwald und den umgebenden Buchenwäldern bzw. Tannen-Buchenwäldern. Auffällig stark scheint die Buche auch in den Fatra-Beständen von KLIKA (1936) vertreten zu sein, während die Esche dort schon stark zurücktritt. Die Fichte erscheint als natürlicher Bestandteil höchstens in einer Höhenform der Gesellschaft, der Subassoziation von *Cicerbita alpina* TX., als spärlich eingemischte Differentialart.

Von den Charakterarten der Krautschicht weisen *Lunaria rediviva* und *Scolopendrium vulgare* einen sehr hohen Treuegrad auf. Im ganzen Verbreitungsgebiet der Gesellschaft sind diese beiden Arten beschränkt auf den Schluchtwald oder gehen doch höchstens in ökologisch sehr nahe verwandte Gesellschaften über. Der Hirschzungen-Farn kann zwar auch als Felsritzenbewohner gelten, er ist aber auch dort auf luftfeuchte Schattenlagen beschränkt und besiedelt die mit Humus gefüllten, nie austrocknenden Ritzen der Felsen, also einen Standort, der dem zwischen den Blöcken des Schluchtwaldes recht ähnlich ist. *Polystichum lobatum* ist wenigstens in der Höhenstufe, in welcher der Schluchtwald vorkommt, vorzugsweise hier zu finden und erst höher oben weniger spezialisiert. Von manchen Verfassern sind zu den Charakterarten auch *Actaea spicata* gezählt worden (TÜXEN 1931, 1937, SCHWICKERATH 1933, MOOR 1938, DIEMONT 1938, BÜKER 1942) oder *Cardamine impatiens* (SCHWICKERATH 1937 und spätere Arbeiten). Mit diesen Arten verhält es sich ähnlich wie mit dem oben erwähnten Bergahorn. *Aruncus silvester*, den KNAPP (1942) zu den Charakterarten gerechnet hat, kann unseres Erachtens wohl nicht als solche gewertet werden, weil die standörtlichen Ansprüche (ökologische Amplitude) des Wald-Geißbarts nicht eng genug sind. Ähnlich steht es mit *Senecio ovirensis*, dem Obir-Kreuzkraut, das in den Ostalpen selbst in die unbeschatteten Läger-Gesellschaften übergeht, andererseits aus pflanzengeographischen Gründen auf den Südosten beschränkt bleibt.

Wenn *Impatiens Noli-tangere* und *Chrysosplenium alternifolium* oder *Lamium maculatum* auch nicht als Charakterarten gelten können, als welche sie bei KUHN (1937) bzw. bei MIKYSKA (1939) angegeben sind, so gehören sie doch zur „normalen charakteristischen Artenkombination" (Gesamtheit der Charakterarten und der Begleiter höherer Stetigkeitsgrade). Fast regelmäßig und in größeren Mengen sind auch *Mercurialis perennis, Asperula odorata, Lamium Galeobdolon* vorhanden; die anspruchsvollsten Geophyten jedoch, wie *Corydalis cava, Allium ursinum, Anemone ranunculoides, Arum maculatum* usw., treten zurück, nicht nur auf Silikatunterlage, wo auch der Buchenwald allgemein etwas artenärmer ist, sondern auch in Gebieten, wo sehr geophytenreiche Buchenwälder den Schluchtwald umgeben, wie z. B. in Mitteldeutschland. Diese Arten beschränken sich auf die feinerdereicheren Stellen des Schuttbodens. Übereinstimmend wird auf den hohen Gehalt an nitrophilen Arten hingewiesen: *Sambucus nigra, Rubus idaeus, Urtica dioica, Impatiens, Lamium maculatum, Alliaria officinalis, Aegopodium Podagraria, Geranium Robertianum* und im SO des Schluchtwaldareals auch *Geranium phaeum*, ferner zuweilen auch *Chelidonium majus, Galium Aparine, Aethusa Cynapium, Arctium nemorosum, Parietaria officinalis*, sowie *Galeopsis speciosa* und der oben genannte *Senecio ovirensis*. Von den Bodenfeuchtigkeitzeigern tritt vor allem *Impatiens* mengenmäßig stärker hervor; *Festuca gigantea, Geum urbanum, Circaea*-Arten, *Stachys silvaticus* sind seltener und stehen vereinzelt.

Physiognomisch herrscht unter den Schluchtenwaldarten die Hochstaudenform vor. Geselligen Wuchs weisen vor allem *Lunaria, Impatiens, Urtica* und *Alliaria* auf, die Trupps und Herden bilden. Viele Arten der Gesellschaft zeichnen sich durch zartes Gewebe, Dünnblättrigkeit und starke Entwicklung der Blattfläche aus.

14

Kronenschluß und Krautschicht können oft lückig sein, wo sich reine Schuttzungen in den Bestand vorschieben; doch stellt sich *Lunaria* schon bei verhältnismäßig geringem Feinerdegehalt ein.

Im Gegensatz zu geophytenreichen Buchenwäldern fällt der Höhepunkt der Entwicklung weniger in das zeitige Frühjahr als in die Sommermonate.

Moose besiedeln in der Hauptsache die Blöcke und den Fuß älterer Bäume. Je nach Auffassung des jeweiligen Beobachters werden die Moose als fremde Gesellschaft, selbständige Moos-Vereine u. dgl. abgetrennt, oder gerade die räumliche Gliederung mit als charakteristischer Zug der Gesellschaft angesehen, wie z. B. bei GRADMANN (1936) und bei MEUSEL (1939).

3. DIE SUBASSOZIATION MIT SUBALPINEN HOCHSTAUDEN.

In denjenigen Gebirgen, in welchen im Übergangsgebiet zwischen Buchen- und Fichtenstufe subalpine Hochstauden im Unterwuchs der Wälder eine Rolle spielen, haben diese Hochstauden die Möglichkeit, von oben her in den Schluchtwald einzudringen, ebenso wie sie in alle anderen Gesellschaften mit feuchtem, kühlem Lokalklima und nicht zu trockenem Boden eintreten können. Diese Übergangsbestände hat TÜXEN (1937) als Subassoziation von *Cicerbita alpina* vom typischen *Acereto-Fraxinetum* abgetrennt. TÜXEN nennt als Differentialarten: *Polygonatum verticillatum, Picea excelsa, Mulgedium alpinum* (= *Cicerbita alpina*), *Ranunculus aconitifolius* ssp. *platanifolius, Dryopteris austriaca* ssp. *dilatata, Petasites albus, Luzula nemorosa* = *L. albida* [letztere ist aber nur zufälliger, spärlich vorhandener, assoziationsfremder Bestandteil]. In anderen Gebieten läßt sich die Liste der Differentialarten vermehren um *Adenostyles Alliariae, Rumex arifolius, Athyrium alpestre, Prenanthes purpurea, Chaerophyllum hirsutum* (letzteres bei TÜXEN unter den Begleitern vorhanden), *Heracleum montanum, Rosa pendulina*. Die letztgenannten Arten fehlen naturgemäß schon im Harz, wo hochstaudenreiche Wälder nicht mehr entwickelt sind. Am Kahlen Asten im Sauerland in etwa 700 m Höhe ist diese Subassoziation noch bruchstückhafter (BÜKER 1942). Die gegenseitige Durchdringung von Schluchtwaldarten und subalpinen Hochstauden in einer bestimmten Höhenlage ist in den Gebirgen am Oberrhein viel auffälliger (ISSLER 1925, 1926, 1931, 1942, BARTSCH 1940). Die gleiche Erscheinung erwähnt HORVAT (1938) aus Kroatien, und aus Angaben von KLIKA (1936) und SVOBODA (1939) entnehmen wir Entsprechendes auch für die große Fatra und die Liptauer Alpen in der Tatra. In den Vogesen sind es die Bestände, die ISSLER unter dem Namen „*Ulmeto-Aceretum*" beschrieben hat. In den betreffenden Beständen des alpennahen Gebirges (bei etwa 1000 m) ist jedoch der Anteil der subalpinen Hochstauden gegenüber den Schluchtwaldpflanzen derartig vorherrschend, daß man u. E. diese Mischung kaum mehr als Schluchtwald mit Einschlag von subalpinen Hochstauden bezeichnen kann, sondern viel eher als Hochstauden-Waldgesellschaft mit Schluchtwaldbruchstücken. Für den Schwarzwald haben wir darauf hingewiesen, daß in der Höhenstufe der hochstaudenreichen Gesellschaft, *Acereto-Fagetum* genannt, der Schluchtwald nicht mehr voll ausgebildet ist, sondern an geeigneten Steilhängen nur noch Bruchstücke von ihm zwischen den subalpinen Hochstauden auftreten. Die Höhengrenze der „Schluchtwald-Holzart" *Fraxinus excelsior* ist in beiden Gebirgen in jener Höhe bereits überschritten.

Ob es dagegen die typische Ausbildung des Schluchtwaldes in den elsässischen Vogesen überhaupt gibt, läßt sich aus ISSLERS Angaben nicht mit

Sicherheit entnehmen. Ein mögliches Ausfallen könnte am Mangel edaphisch geeigneter Standorte in den niedrigeren Lagen oder an dem relativ trockenen Klima der Vogesen-Ostseite (Leeseite) liegen. In den Alpentälern scheint vor allem die Höhenlage der hochstaudenreichen Wälder für *Lunaria* die genügende Luftfeuchtigkeit zu bieten. Schon in CHRISTS Pflanzenleben der Schweiz (1879, S. 222—223) wird die Vergesellschaftung von *Lunaria* mit Hochstauden hervorgehoben, so z. B. im Engelbergertal bei etwa 1000 m ü. M.

TÜXEN bezieht sich bei der Benennung der Subassoziation auf BEGER: „*Acereto-Fraxinetum,* Subassoziation von *Cicerbita alpina* (BEGER 1922) TX. 1937“. Die betreffende „Hochstaudenflur des *Acereto-Ulmetums* (Subassoziation des *Acereto-Ulmetums*)“ (so bei BEGER 1922, S. 72) ist jedoch eine nach Kahlschlag auftretende Gesellschaft auf dem Boden des *Acereto-Ulmetum,* das nicht mit dem *Acereto-Fraxinetum* identisch ist.

4. DER STANDORT DES SCHLUCHTWALDES.

Der Standort des Schluchtwaldes ist scharf charakterisiert. Der Boden besteht aus gröberen Gesteinsbruchstücken, zwischen denen sich noch nicht viel Feinerde angesammelt hat. Diese ist nährstoffreich und mild humos. Die Vorbedingungen zur Entstehung eines solchen Bodens sind gegeben auf der Unterlage eines von Natur nicht zu nährstoffarmen und nicht zu leicht verwitternden Gesteins überall dort, wo sich infolge der großen Steilheit der Hänge und der oberhalb anschließenden Felsen eine ständige Beschickung mit neuem Feinerde- und Schuttmaterial vollzieht und ein günstiger Wasserhaushalt hinzutritt. Die meisten Verfasser erwähnen eine Durchrieselung mit sauerstoffreichem Wasser. Ein Bodenprofil teilt SCHWICKERATH (1938 a, 1944) mit. Auf Kalkgestein ist der Schluchtwald am reichsten entwickelt, aber er fehlt nicht in Silikatgebieten. Auch über Silikatunterlage zeigt sich nie stärkere Bodenversauerung.

Zu diesen bodenbedingten Verhältnissen kommen andere, lokalklimatische. Der Standort des Schluchtwaldes zeichnet sich durch ständige hohe Luftfeuchtigkeit und Schattenlage aus. Das Wärmeklima ist relativ kühl, aber wohl ausgeglichen.

Verwirklicht sind solche Standortsbedingungen in Mitteleuropa am ehesten in nordwärts gerichteten felsigen Schluchten der Hügel- und Mittelgebirgsstufe; an freien Nordhängen sind die klimatischen Vorbedingungen seltener erfüllt. Einen interessanten Sonderfall bieten die beschatteten Steilwände der felsgekrönten Einsturztrichter im Gipsgebiet des Harzvorlandes (MEUSEL 1939).

5. DIE VERBREITUNG UND PFLANZENGEOGRAPHISCHE STELLUNG DES SCHLUCHTWALDES.

Sichere Angaben über das Vorkommen des Schluchtwaldes besitzen wir für den Teil Mitteleuropas, der von Harz, südhannoverschem Bergland, Eifel, Vogesen, Nordschweiz, Kroatien, Slowakischem Mittelgebirge, Tatra, Beskiden, Sudetenland begrenzt wird (s. Arealkarte), wobei Ebenen und Trockengebiete innerhalb dieser Grenzen ausfallen. Abgesehen von den zu trockenen Zentralalpen, wo Schluchtwälder nicht erwartet werden können, sind auch Angaben aus den Randgebieten der Alpen äußerst spärlich.

16

Der Pyrenäen-Schluchtwald *(Tilia platyphyllos - Dryopteris lobata -* Assoziation von TÜXEN und DIEMONT (1936), *Acereto-Fraxinetum pyrenaicum* von KNAPP (1942) liegt isoliert und hat seine floristischen Besonderheiten wie *Ruscus aculeatus, Saxifraga umbrosa, Scrophularia vernalis, Hypericum Androsaemum, Pulmonaria affinis.* Aus dem übrigen Frankreich und aus Belgien sind anscheinend keine Vorkommen bekannt geworden. Die von EHWALD (1942) auf der Kanalinsel Guernsey aufgenommenen Bestände eines „*Acereto - Fraxinetum occidenti - atlanticum*" weisen als atlantische, dem Schluchtwald sonst fremde Arten auf: *Ilex Aquifolium, Lonicera Periclymenum, Teucrium Scorodonia, Scilla nonscripta, Ulex europaeus, Ruscus aculeatus, Conopodium denudatum,* sind aber im übrigen durch Niederwaldbetrieb und Beweidung so stark gestört, daß man sich von dem ursprünglichen Wald kein Bild machen und ihn nicht beurteilen kann.

Die bisher bekannten Vorkommen des Schluchtwaldes im Osten und Südosten Mitteleuropas dürften aus klimatischen Gründen wohl schon den Ausklang der Gesellschaft Kontinent-einwärts darstellen. Die typischen Holzarten und Schluchtwaldvertreter fallen z. T. schon aus, andererseits weisen jene Schluchtwälder eine Reihe von Arten auf, die im zentralen Mitteleuropa fehlen und die als geographische Differentialarten gewertet werden können, wie *Isopyrum thalictroides, Aconitum moldavicum, Primula carpathica, Dentaria enneaphyllos* und *D. trifolia, Cardamine trifolia, Glechoma hirsuta, Cyclamen europaeum, Symphytum tuberosum, Salvia glutinosa.* Für die Charakterisierung des Schluchtwaldes an sich spielen diese Arten keine Rolle, weil sie ebenso in anderen nährstoffreichen Laubwäldern der betreffenden Gebiete vorkommen. Solche südöstlichen „Schluchtwälder" sind beschrieben worden als *Aceretum Pseudoplatani carpaticum* von SILLINGER (1933), als *Acereto-Fraxinetum podolicum* von SZAFER (1935), als *Aceretum Pseudoplatani Fatrae* von KLIKA (1936), als *Acereto-Fraxinetum croaticum* von HORVAT (1938), als *Aceretum Pseudoplatani praefatricum* von MIKYSKA (1939), als *Acereto-Fraxinetum* aus den mährisch-schlesischen Beskiden (POHL 1941/1942), als *Acereto-Fraxinetum timokense* (KNAPP 1944 f), und hierher gehört wohl auch das *Acereto-Fraxineto-Fagetum lunarietosum* von den Trachyt-Schuttböden des Eperies-Gebirges in der Slowakei (KLIKA 1942). KNAPP (1942) faßt sein *Acereto-Fraxinetum carpaticum,* das *A.-F. orienti-alpinum* und das *A.-F. illyricum* zu einer geographischen Gruppe zusammen.

In den trocken-warmen Gebieten Böhmens treten nur Bruchstücke des Schluchtwaldes auf (KLIKA 1932, 1936, 1939, 1941).

Aus dem Bükkgebirge in N-Ungarn werden Buchenwälder aufgeführt, die einen Einschlag von Schluchtwaldarten zeigen *(Fagetum lunarietosum, Phyllitis-* und *Lunaria-*Typ der *Fageta altherbosa,* vgl. SOó 1930, 1940, MAGYAR 1939/1940).

Vielleicht ist auch die *Acer Pseudoplatanus-Asperula taurina-*Assoziation BRAUN-BLANQUET'S vom toskanischen Apennin mit *Lunaria* und *Impatiens* (MOOR 1938) verwandt mit dem Schluchtwald. Da Aufnahmematerial nicht mitgeteilt ist und Angaben über den Standort fehlen, läßt sich die Frage der Zugehörigkeit nicht prüfen.

Der Schwerpunkt der soziologischen Entwicklung des Schluchtwaldes liegt im zentralen Mitteleuropa „in den Hauptkonzentrationsgebieten der Buche" nach MEUSEL (1939), der die pflanzengeographische Stellung dieser Waldgesellschaft schärfer umrissen hat. Unter den bezeichnenden Arten des Schluchtwaldes herrschen Arten vor, die sich durch südeuropäisch-montan-mitteleuro-

päisches Gesamtareal mit subatlantischer Verbreitungstendenz innerhalb dieses
Verbreitungsgebietes auszeichnen. Der Schluchtwald stimmt darin mit dem
Buchenwald aufs engste überein, ist also mit diesem pflanzengeographisch
nächst verwandt. Insbesondere kann MEUSEL darauf hinweisen, daß die bezeichnenden Holzarten Bergahorn, Esche, Sommerlinde und Berg-Ulme jenem
Verbreitungstyp angehören, ebenso *Lunaria rediviva,* während *Scolopendrium*
wenigstens in Europa sich wie eine Art des gleichen Arealtyps verhält. Die
Winterlinde *Tilia cordata,* die MOOR (1938, S. 443) an Stelle der Sommerlinde *T. platyphyllos* als Charakterart aufführt, ist eine Art mit mehr konti-
nentaler, „östlicher, sarmatischer" Ausbreitung in Mitteleuropa (nach MEU-
SEL 1942, S. 313).

So schön das Bild des Schluchtwaldes durch die Untersuchung seiner areal-
geographischen Stellung innerhalb der europäischen Laubwälder abgerundet
wird, so wenig darf man die Bedeutung dieser Erkenntnis für bestimmte praktische Fragen überschätzen. Die Buche, mit deren Areal die Schluchtwaldarten
auffällig zusammenfallen, ist auf dem Boden unserer Gesellschaft den Holzarten Esche, Bergahorn, Bergulme gegenüber im Nachteil und kommt im optimal entwickelten Schluchtwald nicht auf.

6. GESELLSCHAFTLICHE STELLUNG DES SCHLUCHTWALDES.

Der Schluchtwald ist im wesentlichen von allen seinen .Beobachtern übereinstimmend charakterisiert worden. Die Versuche zu einer Eingliederung in
den Rahmen der Gesamtvegetation sind dagegen sehr verschiedene Wege ge-
gangen. GRADMANN hat die Eingliederung mehr räumlich-geographisch vor-
genommen, indem er den Schluchtwald der Schwäbischen Alb als Nebentyp
oder standörtliche Waldform im Bereich des Normaltyps oder der landschaft-
lich herrschenden Waldform, des sogenannten Hauptbuchenwaldes des Kalk-
bodens, ansieht. MEUSEL (1939, 1942, 1943) geht von pflanzengeographischen
Gesichtspunkten aus und wertet ihn als besondere (standörtliche) Form des
Buchenwaldes auf Grund des Arealtypen-Spektrums. In einer früheren Arbeit
(1935) hatte MEUSEL schluchtwaldähnliche Bestände des obermainfränkischen
Gebietes in seine „Waldtypen", für deren Unterscheidung die Bodenpflanzen-
Gesellschaften maßgebend sind, als „*Lunaria*-Variante des *Hedera*-Typs" eingereiht. Als Schluchtwald zu deuten sind wohl die Bestände, die DOMIN (1931,
1932) in der Tschechoslowakei als *Lunaria-Urtica*-Soziation dem *Fagetum altiherbosum* zugeordnet hat.

Im Gesellschaftssystem der Assoziation im Sinne von BRAUN-BLANQUET
ist die genauere Stellung des Schluchtwaldes innerhalb der *Fagetalia* umstritten.
TÜXEN (1937) hat ihn nicht in den Verband der Buchenwälder i. e. S. aufgenommen, sondern mit Eichen-Hainbuchenwäldern und verschiedenen auen-
waldartigen Gesellschaften im *Fraxino-Carpinion'* vereinigt. Bei der älteren,
weiteren Fassung des *Fagion* sind SCHWICKERATH (1938 und folgende
Arbeiten) und HORVAT (1938) geblieben. Letzterer betont, daß in seinem Gebiet *Fagetum, Querceto-Carpinetum* und *Acereto-Fraxinetum* so nahe Beziehungen zeigen, daß sie nicht durch Aufstellung zweier Verbände innerhalb
der *Fagetalia* getrennt werden sollten. MEUSEL (1939) kritisiert, daß durch die
Einordnung ins *Fraxino-Carpinion* der Schluchtwald vom pflanzengeographisch
nahe verwandten Buchenwald getrennt und mit Auenwäldern und verschiedenen Eichen-Mischbeständen atlantischen und selbst mehr oder weniger kon-
tinentalen Gepräges vereinigt wird. KNAPP (1942) hat Buchenwälder, Eichen-

Hainbuchenwälder und Schluchtwald im *Asperulo-Fagion* zusammengefaßt. KÄSTNER (1941) hält einen selbständigen Verband für den Schluchtwald für notwendig wegen der Beimischung von „Quellflur-Elementen" *(Caricetum remotae* KÄSTNER), deren Verbreitungstyp von dem der Buchenwaldarten abweicht. Als Charakterarten jener Quellflur-Gesellschaft deutet KÄSTNER z. B. *Impatiens Noli-tangere, Stachys silvaticus, Geum urbanum, Circaea lutetiana* u. dgl., die doch wohl alle Laubwaldarten sind!

7. BEZIEHUNGEN DES SCHLUCHTWALDES ZU VERWANDTEN GESELLSCHAFTEN SEINES VERBREITUNGSGEBIETES.

Bei gleichbleibenden edaphischen und v e r ä n d e r t e n l o k a l k l i m a - t i s c h e n B e d i n g u n g e n, nämlich bei geringerer Beschattung und Luftfeuchtigkeit, wie sie auf steilen Schutthängen in freieren Lagen zutreffend sind, wird der Schluchtwald offenbar ersetzt durch eine ebenfalls aus Linden, Bergahorn und Ulmen zusammengesetzte Gesellschaft, die im Unterwuchs noch immer vieles gemeinsam hat mit dem Schluchtwald, in der aber die schatten- und feuchtigkeitsbedürftigsten Arten, wie *Lunaria, Impatiens, Cystopteris Filix-fragilis* u. ä. zurücktreten, während sich lichtliebende, unter Umständen sogar wärmeliebende Gewächse einstellen *(Sorbus Aria, Galeopsis Ladanum, Campanula persicifolia, Vincetoxicum officinale* u. dgl.) Diese Gesellschaft entspricht etwa dem Bergwald GRADMANNS aus der Schwäbischen Alb. FABER hat 1936 solche Bestände als *Acereto-Tilietum* beschrieben. Im Schwarzwald gibt es entsprechende lindenreiche Bestände auf Urgestein (BARTSCH 1940, S. 187—188). Manche Übereinstimmung zeigt auch die „*Aconitum Lycoctonum*-Fazies des mesophilen Sommerwaldes" vom Hangelstein (DIELS 1925, S. 371 ff.) und der Wald unter dem Melibocus-Gipfel im Odenwald (HANSTEIN 1859, S. 105) sowie Bestände im Göttinger Wald (DEPPE 1928, S. 21). Weitere· lindenreiche Blockhaldenwälder findet man in der Literatur erwähnt bei BRAUN-BLANQUET, SCHWENKEL und FABER (1931, S. 241—242) von den Vulkanbergen des Hegau, bei FIRBAS und SIGMOND (1927) vom Donnersberg in Böhmen und bei PREIS (1937, S. 542 ff.) ebenfalls aus dem böhmischen Mittelgebirge; soweit wir unterrichtet sind, werden zur Zeit in der Schweiz ähnliche Gesellschaften bearbeitet. Es ist hier nicht der Ort, alle diese Gesellschaften zu ordnen und zu sichten; der Anlaß, weshalb die Lindenwälder der freieren Schuttsteilhänge hier berührt werden, ist dadurch gegeben, daß bei BUCK-FEUCHT (1937, S. 45) das *Acereto-Tilietum* FABER als „*Acereto-Fraxinetum tilietosum*" in den Schluchtwald mit einbezogen worden ist. Und nach MEUSEL (1939, S. 84) soll im südöstlichen Mitteleuropa der Schluchtwald ersetzt werden durch den Linden-Blockhaldenwald.

Wichtiger erscheinen uns indessen diejenigen Gesellschaften, die sich bei Ä n d e r u n g d e r B o d e n v e r h ä l t n i s s e an Stelle des Schluchtwaldes einfinden und eventuell mit ihm genetisch verbunden sind. FABER erwähnt 1936 das *Fagetum ulmetosum* als Zwischenglied zwischen Schluchtwald und Kalkbuchenwald der Alb, und SCHLENKER hat 1940 diese Gesellschaft unter dem Namen „Buchen-Schluchtwald" beschrieben. Das *Fagetum ulmetosum* der Eifel stellt sich nach SCHWICKERATH (1939) allmählich ein bei Aufhören der Schuttbeschickung eines Steilhanges und Zurückweichen der Durchsickerung in die tieferen Bodenschichten; erst bei diesen Bodenbedingungen vermag die Buche in jenen Beständen der Eifel Fuß zu fassen. Die Übergangsgesellschaft zum Buchenwald findet man häufig in den unteren Hangabschnitten unten an den Schluchtwald anschließend. Erst hier ist forstlich der Anbau der Buche lohnend, während der eigentliche Steinschutt-Schluchtwald für den Anbau der Edelhölzer Esche, Ahorn, Ulme, Linde geeignet ist (DIEMONT 1938).

SCHWICKERATH (1939, 1944) hat den Schluchtwald, den Ulmen-Buchenwald und den ebenfalls ökologisch und genetisch nahestehenden Berg-ahorn-reichen Eichen-Hainbuchenwald *(Querceto-Carpinetum aceretosum)* der Eifel zur „Schluchtwaldgruppe" zusammengefaßt. In dem niedrigeren west-deutschen Gebirge, das ganz außerhalb des natürlichen Fichten-Areals liegt, ist diese Gesellschaftsgruppe leider teilweise mit Fichten aufgeforstet worden. Die Beobachtung, daß der Boden des Schluchtwaldes sich unter menschlichem Ein-fluß wenig degradationsgefährdet gezeigt hat im Vergleich zu manchen anderen Waldgesellschaften der Eifel, läßt sich verallgemeinern und beweist die Nach-haltigkeit des Standortes. Im allgemeinen sind aber wohl die steinigen Steil-hänge der Schluchtwälder überhaupt weniger vom Menschen angegriffen worden, und es gibt in manchen Gebieten gerade im Schluchtwald dank der Abgelegen-heit und geringeren Zugänglichkeit oft noch prächtige, urtümliche Waldbilder.

B. Auszüge aus den einschlägigen Arbeiten.

VORBEMERKUNGEN ZUR NOMENKLATUR DER PFLANZENARTEN.

Die Benennung der Pflanzenarten in den Originalarbeiten ist mitunter recht uneinheitlich. Um die Artenlisten der verschiedenen Autoren unmittelbar untereinander vergleichbar zu machen, haben wir alle Pflanzen-namen vereinheitlicht.

Unsere Nomenklatur lehnt sich an das von der Deutschen Botanischen Gesellschaft herausgegebene, von R. MANSFELD bearbeitete Verzeichnis der Farn- und Blütenpflanzen des Deutschen Reiches (Jena 1940) an und ist in ein-zelnen Punkten ergänzt bzw. verbessert durch die inzwischen erschienenen Ver-besserungen von MANSFELD selbst sowie die Ausnahmenlisten der Gattungs-und Artnahmen von JANCHEN und von BARTSCH; Näheres hierüber mit Begründung und ausführlicher Literatur vgl. J. BARTSCH (1944), wo auch die Frage der deutschen Pflanzennamen behandelt ist.

In Bezug auf den Schluchtwald sind folgende Synonyme zu beachten (die von uns gebrauchte Benennung der Art steht an erster Stelle)[*]):

Equisetum maximum Lam. = *E. Telmateja* Ehrh.

Scolopendrium vulgare Sm. = *Phyllitis Scolopendrium* (L.) Newm.

Cystopteris Filix-fragilis (L.) Borb. = *Cystopteris fragilis* (L.) Bernh.

Dryopteris Phegopteris (L.) Christens. = *Phegopteris vulgaris* Mett. = *Aspi-dium Phegopteris* Baumg. = *Nephrodium Phegopteris* (L.) Prantl.

Dryopteris Robertiana (Hoffm.) Christens. = *Phegopteris Robertiana* A. Br. = *Aspidium Robertianum* Luerss. = *Nephrodium Robertianum* (Hoffm.) Prantl.

---

[*]) Von ganz wenigen Ausnahmen abgesehen, wurde die von den Verfassern gebrauchte Nomen-klatur auch dann beibehalten, wenn Herausgeber und Schriftleiter mit derselben nicht voll-kommen einverstanden sind. Viele der von Bartsch gebrauchten Namen sind dadurch hinfällig geworden, daß der botanische Kongreß in Stockholm 1950 die Schaffung einer Ausnahmsliste der Artnamen grundsätzlich abgelehnt hat.

Dryopteris Filix-mas (L.) Schott = *Aspidium Filix-mas* Sw. = *Nephrodium Filix-mas* (L.) Rich.

Dryopteris austriaca (Jacq.) Woynar = *Aspidium spinulosum* Sw.

Dryopteris austriaca ssp. *dilatata* (Hoffm.) Schinz et Thell. = *Nephrodium austriacum* (Jacq.) Fritsch.

Dryopteris austriaca ssp. *spinulosa* (Müll.) Schinz et Thell. = *Dryopteris spinulosa* (Müll.) O. Ktze. = *Nephrodium spinulosum* (Müll.) Strempel.

Polystichum setiferum (Forsk.) Moore et Woynar = *Polystichum aculeatum* (L.) Schott = *Aspidium aculeatum* Sw. = *Dryopteris aculeata* O. Kuntze.

Polystichum lobatum (Huds.) Chevall. = *Aspidium lobatum* Sw. = *Dryopteris lobata* Schinz et Thell.

Abies alba Mill. = *Abies pectinata* Lam.

Picea excelsa Link = *Picea Abies* (L.) Karst.

Luzula albida DC. = *Luzula nemorosa* (Poll.) E. Mey. = *L. luzuloides* (Lam.) D. et W.

Scilla non-scripta (L.) Hoffmannsegg et Link = *Endymion nutans* Dumort.

Quercus sessiliflora Salisb. = *Quercus petraea* (Mattuschka) Lieblein.

Ulmus montana Stokes = *Ulmus scabra* Mill.

Ulmus campestris L. et. Huds. = *Ulmus carpinifolia* Gled.

Melandryum rubrum (Weig.) Garcke = *Melandrium diurnum* (Sibth.) Fries. = *M. sylvestre* Roehl. = *M. dioicum* (L.) Simonk.

Cardaminopsis arenosa (L.) Hay. = *Arabis arenosa* Scop.

Dentaria bulbifera L. = *Cardamine bulbifera* (L.) Cr.

Dentaria enneaphyllos L. = *Cardamine enneaphyllos* (L.) Cr.

Dentaria. trifolia Waldst. et Kit. = *Cardamine savensis* O. E. Schulz = *Cardamine Waldsteinii* Hort. Kew.; nicht zu verwechseln mit *Cardamine trifolia* L.

Dentaria digitata Lam. = *Cardamine pentaphyllos* (L.) Cr. em R. Br.

Ribes Grossularia L. = *Ribes Uva-crispa* L.

Aruncus silvester Kostel. = *Aruncus vulgaris* Rafin.

Filipendula Ulmaria (L.) Maxim. = *Ulmaria pentapetala* Gilib.

Rhamnus Frangula L. = *Frangula Alnus* Mill.

Tilia cordata Mill. = *Tilia parvifolia* Ehrh.

Tilia platyphyllos Scop. = *Tilia grandifolia* Ehrh.

Lamium Galeobdolon (L.) Cr. = *Galeobdolon luteum* Huds.

Galium pumilum Murr. = *Galium asperum* Schreb.

Mulgedium alpinum Less. = *Cicerbita alpina* (L.) Wallr.

Mycelis muralis (L.) Rchb. = *Cicerbita muralis* Wallr. = *Lactuca muralis* Fresen.

ERKLÄRUNG DER ABKÜRZUNGEN, SONSTIGE ERKLÄRUNGEN.

Abb.	= Abbildung(en)
Ass.	= Assoziation(en)
Aufn.	= soziologische Bestandes-Aufnahme(n)
Char.-Art(en)	= Charakterart(en)
Diff.-Art(en)	= Differentialart(en)
Exp.	= Exposition (= Auslage)
Fig.	= Figur(en)
flor.-soz.	= floristisch-soziologisch
Ges.	= Gesellschaft(en)
Lit.	= Literatur
Ordn.	= Ordnung
Ordn.-Char.-Art(en)	= Ordnungs-Charakterart(en)
stellw.	= stellenweise
Subass.	= Subassoziation, Unterassoziation(en)
Tab.	= Tabelle(n)
Veg.-Bed.	= Vegetationsbedeckung (in %)
Verb.	= Verband
Verb.-Char.-Art(en)	= Verbands-Charakterart(en)
Verbr.	= Verbreitung

Ziffern von 1 bis 5 der soziologischen Bestandesaufnahmen bedeuten an
1. Stelle die „Menge" (Häufigkeit und Deckungsgrad), an 2. Stelle — durch einen
Punkt von der ersten Ziffer getrennt — den Geselligkeitsgrad (die Soziabilität)
der betreffenden Pflanzenart.

I, II, III, IV = Baum-, Strauch-, Kraut- und Moosschicht.

[. . . . . . .] = unsere erläuternden Zusätze in den Texten anderer Autoren.

Die von den Autoren geschaffenen Assoziations- und Gesellschaftsbezeichnungen sind unverändert zitiert.

Im Literaturverzeichnis scheint uns die Angabe des Erscheinungs-
ortes (neben dem Druckjahr) zur Unterscheidung ähnlich lautender Zeit-
schriftentitel und besonders bei allen ausländischen Veröffentlichungen sehr
wesentlich zu sein. Daraus ergeben sich bestimmte, zwingende Folgerungen für
die Reihenfolge der Angaben von Titel, Bandzahl, Seitenzahlen, Erscheinungs-
ort und -jahr.

Die Auszüge aus den Originalarbeiten sind chronologisch geordnet, weil
sich bei dieser Reihenfolge der Fortschritt der wissenschaftlichen Erkenntnis
sowie der Wechsel des Begriffes „Schluchtwald" am besten verfolgen läßt.

Der Hauptgruppe derjenigen Auszüge, die sich mit dem Schluchtwald be-
fassen (Nr. 1—70), folgen einige mit ihm nicht identische Waldgesellschaften
(Nr. 71—76), die aber mit ihm verwechselt worden sind (vgl. auch S. 13). Letztere sind überhaupt nur deswegen berücksichtigt, damit der Leser selber Vergleiche anstellen kann; die betreffenden Auszüge enthalten auch nur das, was
zur Beurteilung unserer Fragestellung erforderlich ist.

Sämtliche Auszüge sind durchnumeriert. Diesen Zahlen entsprechen diejenigen auf der Verbreitungskarte des Schluchtwaldes und im Literatur-Verzeichnis. Unter dem Verfassernamen in der Überschrift der einzelnen Auszüge
ist das Gebiet angegeben, aus der die Gesellschaft beschrieben ist.

1. ARBEITEN ÜBER DEN SCHLUCHTWALD.
(Auszüge Nr. 1 bis 70).

GRADMANN 1, 1900, S. 28, 39.
Schwäbische Alb.

S c h l u c h t w a l d.

Benannt „nach seinem hauptsächlichen Vorkommen in den engen, düsteren, wasserreichen Talschluchten namentlich des unteren Weißen Jura"; aber auch sonst auf allen tonigen und daher feuchten Bodenarten des Weißen und Braunen Jura; „hält sich von ebenen und freien Lagen keineswegs ganz fern."

Eschen und Bergahorn herrschen vor, Buche wird Nebenbestandteil. An einsamen Waldquellen und deren sumpfiger Umgebung dichte Zwergbestände von *Chrysosplenium alternifolium, Impatiens Noli-tangere, Circaea lutetiana, Ranunculus aconitifolius, Stachys silvaticus, Allium ursinum, Cardamine impatiens, Primula elatior.* An steilen Talwänden in der weiteren Umgebung hochwüchsige Stauden, die dem gewöhnlichen Buchenwald der Alb ganz fehlen, wie *Aconitum Vulparia, Aruncus silvester, Dipsacus pilosus, Bromus asper,* große Farnbüsche.

[Dieser „Schluchtwald" ist n i c h t identisch mit dem *Acereto-Fraxinetum* späterer Autoren! Eher erinnert an letzteres GRADMANNS „Bergwald"*) (1900, S. 28, 40) mit seinen „Massen von Trümmergestein" und Beimischung von *Lunaria.* Dieser Waldtyp ist „an einen bestimmten Böschungswinkel und eigentümliche Beleuchtungsverhältnisse gebunden." Mit dem *Acereto-Fraxinetum* stimmen überein: Steilheit und zusammenhängende, durch Fels und Trümmer unterbrochene Humusdecke, aber es handelt sich um f r e i e, nicht so stark beschattete und luftfeuchte Lagen, in die das Licht durch den lockeren Kronenschluß reichlicher eindringt.]

---

*) Von FABER (1936) als „*Fagetum calcareum tilietosum*" bezeichnet und als Bindeglied und Entwicklungsform zwischen *Acereto-Tilietum* und Buchenwald aufgefaßt. Das *Acereto-Tilietum* wird von BUCK-FEUCHT (1937) als „*Acereto-Fraxinetum* Subass. *tilietosum*" aufgefaßt.

ISSLER 2, 1925, S. 103—105; 1926, S. 235—241.
Elsässische Südvogesen.

Ulmeto-Aceretum.

2 Aufn. bei 850 und 1020 m ü. M. an steilem, blockigem NO-Hang auf Granit. *Acer Pseudoplatanus* (vorherrschend), *A. platanoides, Ulmus montana* (keine *Fraxinus), Rosa pendulina, Sorbus aucuparia.* Im Krautwuchs neben *Lunaria rediviva* und *Polystichum lobatum* vorherrschend subalpine Hochstauden wie *Adenostyles Alliariae, Mulgedium alpinum, Senecio nemorensis, Prenanthes purpurea, Chaerophyllum hirsutum, Rumex arifolius* usw. und Großfarne wie *Athyrium alpestre, A. Filix-femina, Dryopteris austriaca* ssp. *dilatata;* Buchenwaldarten wie *Asperula odorata, Lamium Galeobdolon* etc.

S t a n d o r t : Ges. höherer Lagen. Lichtreich.? Lokal bedingte Facies des Weißtannenwaldes an seiner oberen Grenze an frischen Hängen.

[Die Ges. ist verwandt mit dem *Acereto-Fraxinetum* Subass. von *Cicerbita alpina* von TÜXEN (1937).]

W. KOCH 3, 1926, S. 130—132.
Abhänge zur Linthebene (Schweizer Mittelland).

Acer Pseudoplatanus-Fraxinus-Wald.

1 Bestandesaufn. von Schänis, Hang am Rande der Linthebene, ca. 440 m
ü. M., Exp. NW, Neigung ca. 20⁰, auf Nagelfluhgrobschutt, dessen Zwischenräume mit feuchtem Humus angefüllt sind. In I vorhanden: *Fraxinus excelsior,
Acer Pseudoplatanus* und *platanoides, Ulmus montana, Tilia platyphyllos* und
intermedia, Carpines Betulus. In II: *Sambucus racemosa, Evonymus europaea,
Rosa arvensis, Cornus sanguinea, Lonicera Xylosteum.* In III: als Diff.-Arten
gegenüber dem *Fagetum: Leucojum vernum, Arum maculatum, Actaea spicata, Corydalis cava, Aruncus silvester, Filipendula Ulmaria, Chaerophyllum
hirsutum, Adoxa Moschatellina, Asperula taurina;* ferner *Dryopteris Filix-mas,
Carex digitata, Lilium Martagon, Allium ursinum, Polygonatum multiflorum,
Paris quadrifolia, Ranunculus Ficaria, Oxalis Acetosella; Mercurialis perennis,
Geranium Robertianum, Viola silvestris, Aegopodium Podagraria, Primula
vulgaris, Lamium Galeobdolon, Asperula odorata, Phyteuma spicatum.* IV.
Lockere Moosdecke von *Mnium undulatum.*

[*Lunaria* und *Scolopendrium* fehlen.] ·

S t a n d o r t : Wasserzügige Stellen an ziemlich steilen Hängen; im schweizerischen Mittelland und in Süddeutschland verbreitet, wenn auch nicht häufig.

Der „Schluchtwald" von KELHOFER (1915) und von GRADMANN (1900)
sollte künftig aufgeteilt werden in das *Cariceto remotae-Fraxinetum* und den
Acer Pseudoplatanus-Fraxinus-Wald.

Die Gesellschaft weist nahe floristische und ökologische Beziehungen zum
Ulmeto-Aceretum BEGERS (1922) und ISSLERS (1925) auf (vikariierende Gesellschaften verschiedener Höhenstufen?), neigt aber mehr zu den *Fageten.*

IMCHENETZKY 4, 1926.
Vallée de la Loue (Mittlerer französischer Jura).

Gesellschaft von *Fraxinus excelsior* und *Acer Pseudoplatanus,* enthält u. a.:
Fraxinus, Acer Pseudoplatanus, A. platanoides und *A. campestre, Tilia platyphyllos, Carpinus, Fagus, Scolopendrium vulgare, Chrysosplenium alternifolium, Glechoma hederacea, Allium ursinum, Brachypodium silvaticum,
Lamium Galeobdolon, Asperula odorata, Dentaria pinnata.*

[Diese Angaben sind entnommen aus QUANTIN 1935; die Originalarbeit
konnte nicht eingesehen werden.]

KLIKA 5, 1927, S. 13—14, 33.
Große Fatra.

Fagetum carpaticum, Fazies von *Lunaria rediviva* mit *Urtica dioica, Geranium Robertianum.* Auf kleinen Flächen im Buchenwald. Beispiel aus 1200 m
über dem Meere.

[Vgl. *Aceretum Pseudoplatani Fatrae,* KLIKA 1936 a, Auszug Nr. 22.]

24

TÜXEN 6, 1928, S. 47—48.
Pleßwald bei Göttingen (Südhannover).

1 Aufn. von den Billinghäuser Klippen auf sehr beweglichem Muschelkalk-Grobschutt: *Acer Pseudoplatanus* und *platanoides, Tilia platyphyllos* und *cordata, Ulmus campestris, Fraxinus excelsior, Taxus baccata, Sambucus nigra* und *racemosa, Actaea spicata, Dryopteris Robertiana, Impatiens Noli-tangere, Mercurialis perennis* usw., Moose; etwas entfernt davon auch *Lunaria rediviva.*

Hygrophile, schattenertragende Ges., reich an Farnen, wie z. B. (am Duinger Berg bei Alfeld) *Dryopteris Robertiana, Scolopendrium vulgare, Cystopteris Filix-fragilis, Asplenium Trichomanes* und *viride, Athyrium Filix-femina, Dryopteris Filix-mas.*

Die Buche fehlt diesen Orten oft völlig. Linden, Ahorne und Ulmen meist urwüchsig, sorgen für Festigung des Gesteinschuttes.

„Gehört wahrscheinlich zum *Acer Pseudoplatanus-Fraxinus*-Wald (BEGER 1922, ISSLER 1926, DIELS 1925, S. 375, W. KOCH 1926) und stellt eine moosreiche Fazies dieser sehr faziesreichen Ges. dar. Sie hat andererseits, wie KOCH 1926 nachgewiesen hat, nahe Beziehungen zum *Ulmeto-Aceretum* BEGERS und ISSLERS“.

V e r b r e i t u n g : In den wesentlichen Zügen übereinstimmend bei Springe, Alfeld, im Süntel, Deister und Ith.

v. SOó 7, 1930, S. 42 ff.
Ostkarpathen und Ungarisches Mittelgebirge.

Eine Vergleichstabelle der Buchenwälder aus den Alpen, den Karpathen und Ungarn enthält in Spalte 6 und 7 synthetische Ass.-Listen aus Radna (Ostkarpathen) und dem Bükk-Gebirge (ungar. Mittelgebirge). Aus diesen Listen geht hervor, daß in den Buchenwäldern auch Bestände mit Bergahorn, Sommer- und Winterlinde, Esche, Berg-Ulme, *Scolopendrium, Polystichum lobatum, Lunaria* u. a. einbegriffen sind.

[Vgl. *Fagetum silvaticae lunarietosum* v. SOó 46, 1940.]

TÜXEN 8, 1931, S. 101—103.
Südhannover.

Acer Pseudoplatanus-Fraxinus-Wald. Bergahorn-Eschenwald („Schluchtwald“).

Tab. mit 2 Aufn. „durch Buchenwaldarten etwas getrübt.“ Charakteristisch: *Cystopteris Filix-fragilis, Scolopendrium vulgare, Actaea spicata, Fraxinus excelsior, Dryopteris Robertiana, Polystichum lobatum;* durch die Aufn. nicht erfaßt, aber vorhanden: *Lunaria rediviva, Asplenium viride.*

S t a n d o r t : Ausschließlich an N- bis NO-Abstürzen und Schluchten der Dolomit- und Korallenoolithfelsen des Ith, Osterwaldes und Selters. Rein örtlich bedingt durch übergroße Steilheit der Hänge und Felswände, schwache Bodenbildung und mangelnden Feinerdegehalt, sowie durch kühlfeuchtes, schattiges Lokalklima („oft von Nässe triefende nebelreiche Hänge und Wände, an deren Fuß auch der Schnee lange Zeit liegen bleibt“).

Taf. 17, Abb. Nr.: 1 Photo-Aufnahme des Eschen-Bergahorn-Schluchtwaldes am NO-Steilhang des Duinger Berges.

Auf der Deckpause zur topogr. Karte 1 : 100.000 (Ausschnitt aus Einheits-
blatt Nr. 73, Das Land zwischen Hildesheimer Wald und Ith) mit besonderer
Signatur ausgeschieden, sehr charakteristisch den Felsabbrüchen folgend (300
bis 400 m ü. d. M.).

L i t.: TÜXEN 1928; C. KOCH 1925; W. KOCH 1926; LIBBERT 1930
[abweichende Ges.!].

ISSLER 9, 1931, S. 126—127.

Südvogesen.

Ulmeto-Aceretum.

2 Aufn. bei 840 und 1000 m enthalten *Lunaria* und *Scolopendrium*, neben
vorherrschenden subalpinen Hochstauden, hohen Farnen und Buchenwald-
Arten unter einer Baumschicht von Bergahorn mit Spitzahorn und Berg-Ulme,
vereinzelt Buche und Tanne; die Esche ist hier an ihrer Höhengrenze angelangt.

Nährstoffreiche und lichtreiche Waldgesellschaft in Einschnitten, Schluchten und feuchten Senken; ständig durchfeuchtet durch Quellen und Rinnsale.

Als Unterass. des *Fagetum silvaticae* der subalpinen Stufe anzusehen, in der
Übergangszone zwischen jenem *Fagetum* und der unten anschließenden Assoziation von *Abies alba* gelegen.

DOMIN 10, 1932, S. 108—111.

Slowakei.

Lunaria-Urtica-Soziation des *Fagetum altiherbosum.*

Beschreibung von Einzelbeispielen mehrerer Varianten der Soziation mit
Aufzählung der wesentlichen Arten, ohne Aufn.

Feuchter, nährstoffreicher humoser Boden an Hängen, meist auf Kalkunterlage.

Phyllitis-Parietaria-Variante. [Vgl. hierzu DOMIN 1931, S. 17, 54 und 75.]
Buche mit Bergahorn und Esche, Schwarzer Hollunder, *Scolopendrium* und
·*Lunaria rediviva* als „principal leading plants“, ferner *Polystichum lobatum*,
Arabis Turrita, Actaea spicata, Urtica dioica (in besonderer Varietät), *Parietaria
officinalis, Impatiens Noli-tangere, Chrysosplenium alternifolium, Asperula
odorata, Mercurialis perennis, Dentaria bulbifera* und *enneaphyllos* etc. Humus-
reicher Hang auf Kalk. Teplitz in der Slowakei, von 600 m an.

Karpathische kalkliebende *Lunaria-Urtica*-Variante. Urwaldartiger Buchenwald mit *Lunaria, Polystichum lobatum* und *Urtica* an N-gerichtetem Steilhang. Mt. Strážow, W-Slowakei, bei 960 m.

Weitere Beispiele aus dem slowakischen Karstgebiet, aus der Tematiner
Gegend (vgl. SILLINGER 1930) und aus der Hohen Fatra (vgl. KLIKA 1927)
bei 1200 m.

S u d e t i s c h - h e r c y n i s c h e F a z i e s. Bei „Krucemburk“ Schlucht mit
*Lunaria, Actaea spicata, Aruncus silvester, Urtica dioica, Impatiens Noli-tangere,
Geranium Robertianum, Mercurialis* etc. HILITZER (1926) beschreibt bei
„Kdyné“ Mischbestände von Buche mit Bergahorn, Spitzahorn, Esche, Berg-
ulme, Fichte, mit *Lunaria, Urtica, Actaea, Impatiens* und Schattenarten des
Buchenwaldes.

KLIKA 11, 1932, S. 347, 358.

Xerothermes Gebiet Mittel- und NW-Böhmens.

Acer Pseudoplatanus - Fraxinus excelsior - Assoziation.

Tab. mit 3 Aufn. Vorhanden in I: *Acer Pseudoplatanus, A. platanoides, A. campestre, Fraxinus excelsior, Ulmus montana;* Buche fehlt. In III: normale Vertreter feuchter Buchen- bzw. Laubmischwälder, ohne *Lunaria* und *Scolopendrium.*

S t a n d o r t : Auf steilen, steinigen und schotterigen Hängen, namentlich am Grund der Schluchten, wo es feuchter und kühler ist.

Beschrieben „aus den umliegenden Ländern" von BEGER (1922), ISSLER (1925), KOCH (1926), WINTELER (1929), LIBBERT (1930), TÜXEN (1931).

FABER 12, 1933, S. 28, Anm. 2.

Württemberg.

„Das *Fagetum calcareum fraxinetosum* besitzt die charakteristischen Arten des *Fagetum calcareum,* stellt aber eine feuchte, zum *Acereto-Fraxinetum* (Schluchtwald GRADMANNS) hinneigende Subass. dar . . ."

[FABER hat 1936 nach Neuabgrenzung und Umbenennung des *Acereto-Fraxinetum* in *Phyllitido-Acereto-Ulmetum* die betr. Ges. in *Fagetum calcareum ulmetosum* umbenannt. — Vgl. Anm. S. 31.]

SCHWICKERATH 13, 1933, S. 117—121.

Landkreis Aachen, Nordeifel.

Acer Pseudoplatanus - Fraxinus - Wald (Eschen-Schluchtwald).

Tabelle der *Fagion-*Wälder enthält 1 Aufn. des Eschen-Schluchtwaldes aus 350 m ü. d. M. Char.-Arten: *Fraxinus excelsior, Scolopendrium vulgare, Polystichum lobatum, Cystopteris Filix-fragilis, Lunaria rediviva, Cardamine impatiens, Actaea spicata.*

S t a n d o r t : Steile, nach N exponierte Schluchten im Devonfels der Nordeifel; im Kreis Monschau und Schleiden noch häufig, weiter westlich nur noch fragmentarisch entwickelt. Dauerges. am Fuß der Steilhänge; werden aber die Schluchten von dem herabgeschwemmten Geröll und Humus ausgefüllt, dann dringen Buchenwaldarten ein, aber noch lange findet man Relikte des Schluchtwaldes.

SILLINGER 14, 1933, S. 44, 59—61.

Niedere Tatra.

Aceretum Pseudoplatani.

Artenliste des *Lunaria-*Typs der Ass. nach 4 Aufn. aus 880—1150 m Meereshöhe mit Angabe der Stetigkeit in Bruchform. Baumschicht: in $^1/_4$ der Aufn. vorhanden: *Acer Pseudoplatanus,* in $^2/_4$ der Aufn.: *Fagus silvatica, Picea excelsa, Abies alba.* Strauchschicht: in $^4/_4$ der Aufn. vorhanden: *Rubus idaeus, Daphne Mezereum,* mit geringerer Stetigkeit *Ribes Grossularia* und *R. alpinum, Sambucus racemosa* und einige andere. Krautschicht: in $^4/_4$ der Aufn. vorhanden: *Lunaria rediviva, Urtica dioica, Geranium Robertianum* und *G. phaeum, Poa nemoralis, Mercurialis perennis, Pulmonaria officinalis, Aegopodium Podagra-*

ria, Senecio Fuchsii, Thalictrum aquilegifolium, Dryopteris Filix-mas, Lamium maculatum, Cystopteris Filix-fragilis; in ³/₄ der Aufn.: *Ranunculus lanuginosus, Galium Schultesii, Myosotis silvatica, Lamium Galeobdolon, Bromus asper, Valeriana sambucifolia;* in ²/₄ der Aufnahme: *Lilium Martagon, Petasites albus, Dentaria enneaphyllos, Melica nutans, Cardamine impatiens, Actaea spicata, Elymus europaeus, Oxalis Acetosella, Chrysosplenium alternifolium, Sedum carpaticum, Dryopteris Robertiana, Aconitum variegatum, Milium effusum, Asarum europaeum, Stellaria nemorum, Lapsana communis;* in ¼ der Aufnahme: *Ajuga reptans, Adoxa Moschatellina, Veronica Chamaedrys, Orobus vernus, Geum urbanum, Dentaria glandulosa, Anemone ranunculoides, Scrophularia nodosa, Polystichum lobatum, Athyrium Filix-femina, Majanthemum bifolium, Aruncus silvester, Prenanthes purpurea, Mycelis muralis, Polygonatum verticillatum, Pleurospermum austriacum, Melandryum rubrum, Crepis paludosa, Clematis alpina, Asplenium viride, Valeriana tripteris, Centaurea mollis, Mulgedium alpinum, Rubus saxatilis, Delphinium elatum, Cimicifuga foetida, Anthriscus nitida, Vicia silvatica, Heracleum Sphondylium, Asperula odorata.*

Im Farnkraut-Typ der Ass. wächst reichlich *Polystichum lobatum. Scolopendrium vulgare* fehlt wahrscheinlich auf den Kalken der Niederen Tatra ganz, während es einen charakteristischen Bestandteil der analogen Gesellschaft in den Kalkgebieten der Fatra (vgl. DOMIN, KLIKA) bildet. Die Ass. enthält mehrere Rotbuchenbegleiter, die ansonst in den Wäldern des Gebietes, in denen *Fagus silvatica* fast fehlt, überhaupt nicht oder nur selten erscheinen, wie *Elymus europaeus, Anemone ranunculoides, Bromus asper, Poa nemoralis.* In soziologischer Hinsicht ist das *Aceretum Pseudoplatani* den *Fageten* sehr ähnlich.

S t a n d o r t u n d V o r k o m m e n : In Kalkgebieten der Niederen Tatra auf Blockböden mit reichlichem, von oben herabgeschwemmtem Humus und Wasserzügigkeit. Intensive Nitrifikation. Die Bestände bilden nur kleine Enklaven. Vorkommen z. B. in dem schluchtenreichen Gebiet in der Umgebung der Dolinen von Demänov und Svatoján.

DOSTAL 15, 1933, S. 11—13.
Slowakischer Karst (westlich von Kaschau).

Aceretum Pseudoplatani carpaticum, SILLINGER 1932 [1933?].

Artenliste, gewonnen aus 3 Aufn. aus 300—500 m Meereshöhe mit Angabe von Stetigkeit nach der 5-teiligen Skala und DOMINs 10-teiliger Skala für Abundanz und Dominanz. Arten der Baumschicht, nach abnehmender Stetigkeit und Menge geordnet: *Acer Pseudoplatanus, A. platanoides, Fraxinus excelsior, Tilia cordata, Fagus, Abies alba, Picea excelsa.* An weiteren Holzarten in der Strauchschicht: *Ribes Grossularia, Ulmus montana, Sambucus racemosa, Carpinus Betulus, Corylus, Sorbus aucuparia, Acer campestre, Staphylea pinnata, Daphne Mezereum* etc. In der Krautschicht mit höchster Stetigkeit: *Lunaria rediviva, Urtica dioica, Scolopendrium vulgare, Polypodium vulgare, Cardamine impatiens, Cimicifuga foetida, Elymus europaeus, Senecio nemorensis, Poa nemoralis, Dryopteris Filix-mas* (alle auch meist in größeren Mengen), dazu: *Aruncus silvester, Salvia glutinosa, Valeriana sambucifolia, Corydalis alba (= Gebleri), Isopyrum thalictroides, Valeriana tripteris, Asplenium Trichomanes, Chrysosplenium alternifolium, Cystopteris Filix-fragilis, Dryopteris Robertiana, Aegopodium Podagraria, Actaea spicata, Galium Schultesii, Gera-*

nium Robertianum, Lamium maculatum, Pulmonaria obscura, Campanula carpatica, Impatiens Noli-tangere (wenig) u. a. [Artenliste auffallend reich und heterogen, vielleicht infolge unscharfer Abgrenzung. Die Wertung der einzelnen Arten als Ass.- und Verb.-Char.-Arten usw. durch den Verfasser ist heute überholt.]

S y n o n y m e : *Acer Pseudoplatanus-Fraxinus excelsior*-Ass. KLIKA 1932; *Fagetum altiherbosum* in der Soziation von *Lunaria-Urtica* in der Variante von *Phyllitis-Parietaria* von DOMIN 1931.

MEUSEL 16, 1935, S. 189—193.

Nördl. Frankenjura.

„*Lunaria*-Fazies des *Hedera*-Typs."

2 Aufn., mit anderen „Waldtypen" in Tab. II vereinigt. Unter den Bäumen überwiegen Bergahorn, Esche, in einer Aufn. auch *Tilia cordata* und *Ulmus campestris;* Buche und Eiche vorhanden. In der Krautschicht dominieren *Hedera, Lunaria rediviva*, ferner sind vorhanden *Lamium Galeobdolon* und *L. maculatum, Asarum, Aegopodium Podagraria, Asperula odorata, Senecio Fuchsii, Geranium Robertianum, Impatiens Noli-tangere* u. a.

S t a n d o r t : Mit grobem Kalkschutt überlagerter Weißjurakalkboden. Hohe Bodenfeuchtigkeit und wohl auch lokal erhöhte Luftfeuchtigkeit. An Steilhängen im Frankenjura, die von freistehenden Felsen beschattet werden, oder in engen schattigen Tälern.

„Wir haben hier den Berg- bzw. Schluchtwald GRADMANNs vor uns, der aber, wenigstens in unserem Fall, nur als Variante des *Hedera*-Typs zu bewerten ist."

SZAFER 17, 1935.

Podolien.

Acereto-Fraxinetum podolicum).*

---

*) Konnte zur Zeit nicht eingesehen werden.

QUANTIN 18, 1935, S. 272—281.

Französischer Jura südl. Genf.

Acereto-Fraxinetum.

Tab. aus 9 Aufn. in 290 bis 460 m Höhe. Arten der Baumschicht (wie alle folgenden Arten nach abnehmender Stetigkeit geordnet): *Fraxinus excelsior, Acer Pseudoplatanus, A. campestre, Tilia platyphyllos, Carpinus Betulus, Fagus silvatica, Acer platanoides, Quercus Robur.* Ass.-Char.-Arten der Krautschicht: *Glechoma hederacea, Scolopendrium vulgare, Chrysosplenium alternifolium, Adoxa Moschatellina.* Char.-Arten des *Fagion*-Verbandes: *Allium ursinum, Lamium Galeobdolon, Brachypodium silvaticum, Asperula odorata, Dentaria pinnata, Carex silvatica, Paris quadrifolia, Anemone nemorosa, Actaea spicata, Sanicula europaea, Phyteuma spicatum.* Begleiter: *Knautia silvatica, Poa nemoralis, Melica uniflora, Ranunculus Ficaria, Vicia sepium, Filipendula Ulmaria, Oxalis Acetosella, Angelica silvestris, Stachys silvaticus, Festuca heterophylla, Alliaria officinalis, Geranium Robertianum, Scrophularia nodosa, Aruncus sil-*

vester . . . Ein großer Teil der Arten ist fast allen Wäldern der Eichenstufe des Gebietes gemeinsam.

G e s e l l s c h a f t s h a u s h a l t : Gut durchlüfteter, ständig durchfeuchteter Boden; basisch, kalkreich. Auf mergeligen Hängen oder auf Geröll am Grunde kleiner felsiger Schluchten. Geringe Belichtung der Krautschicht, deren Arten meist zahlreiche große, dünne Blätter besitzen. Bezüglich der Verbreitungsbiologie der Einzelarten herrschen zoochore und in zweiter Linie anemochore Arten vor.

E n t w i c k l u n g : Es handelt sich um relativ junge Buschbestände. Sukzessionsschema zeigt die Weiterentwicklung zum *Fagetum* oder *Querceto-Lithospermetum* und weiter über ein *Querceto-Carpinetum* zum azidiphilen *Quercetum medioeuropaeum*.

L i t.: Vergleich mit den entsprechenden Gesellschaften bei IMCHENETZKY (1926, Vallée de la Loue im mittleren Jura), bei SCHWICKERATH (1933, Nordeifel), bei LIBBERT (1930, Fallstein), bei TÜXEN (1931, Südhannover).

[Bezüglich der floristischen Zusammensetzung und Ökologie der Ges. bestehen offenbar nur schwächere Anklänge an den Schluchtwald.]

FABER 19, 1936, S. 35—36, 42 ff. (Tab. 6, Abt. C); auch 7—8, 14.
Schwäb.-fränk. Stufenland und Alb.

Phyllitido-Acereto-Ulmetum (Phyllitido-Ulmetum).

Ulmen-Ahorn-Eschenwald, Steinschluchtwald, Steinschutt-Schluchtwald. Tab. mit 4 Aufn. aus dem Muschelkalk u. Weißen Jura. Char.- u. Diff.-Arten gegenüber dem Kalkbuchenwald (z. T. gemeinsam mit dem nahverwandten *Acereto-Tilietum* und *Fagetum tilietosum*): *Tilia platyphyllos* u. *cordata, Aconitum Vulparia, Aethusa Cynapium, Cardamine impatiens, Anthriscus nitida, Polystichum lobatum, Lunaria rediviva, Scolopendrium vulgare, Polypodium vulgare, Aegopodium Podagraria, Allium ursinum, Melandryum rubrum, Urtica dioica,* zahlreiche Moose. — In I: *Acer Pseudoplatanus, Fraxinus excelsior, Ulmus montana, Acer platanoides, Tilia platyphyllos* u. *cordata, Fagus. Ulmus* tritt hier bevorzugt auf, *Scolopendrium* scheidet scharf von anderen Ges.; bezeichnender Gehalt an nitrophilen sowie zartblättrigen hygrophilen Arten.

Z u r A b g r e n z u n g u. B e n e n n u n g : „Mit Recht hat W. KOCH (1926, S. 129, 131 ff.) darauf hingewiesen, daß die Ulmen-Ahorn-Eschen-Wälder bodenfeuchter oder schattiger Standorte in mehrere typische Ass. zu scheiden sind, und sein *Cariceto remotae-Fraxinetum* als eigene Ass. abgetrennt. Was zurückbleibt, sind aber immer noch mehrere Ass. bzw. Subass., welche als *Acereto-Fraxinetum, Acereto-Ulmetum* noch immer zu allgemein gefaßt sind . . .“ Die Bezeichnung von 1933 „*Acereto-Fraxinetum* ist durch *Phyllitido-Acereto-Ulmetum* zu ersetzen (die letztere Ges. deckt sich übrigens mit dem Schluchtwald GRADMANNS (1900) nicht ganz.“

S t a n d o r t : Schluchten mit Luftfeuchtigkeit und Nebelbildung und wenigstens unterirdischer Wasserführung. Auch an offenen Schatthängen, falls genügende Bodenfeuchtigkeit, Nebelniederschlag oder verringerte Windwirkung vorhanden.

Charakteristisch ist die Steinüberschüttung der Hänge und des Schluchtbodens (Steinschutt-Schluchtwald).

Vegetationsentwicklung: Entwicklung aus der *Cystopteris-Phyllitis*-Ass. auf feuchten*), beschatteten, Kalksteinscherben-überdeckten Hängen im weißen Jura, den sog. Rutschen; Bedeutung für die Festigung dieser Hänge! Beziehung zum *Fagetum calcareum ulmetosum***).

Übergänge: Auf weniger luftfeuchten Hängen Übergänge zu *Acereto-Tilietum* und *Fagetum tilietosum* (mit Einschlag von Lichtliebenden und Arten der Schuttpionier-Ges. *Rumicetum scutati;* vgl. FABER 1936, S. 33—35 und 42 ff.) [Deutung des *Acereto-Tilietum* als Subass. der Gesellschaft bei BUCK-FEUCHT 1937.]

Andererseits Übergänge zum *Cariceto remotae-Fraxinetum,* das benachbart auf der Sohle der Schluchten (o h n e Steinüberschüttung) auftreten kann.

---

*) Beachte Druckfehler auf S. 8: Im Schema sind die Worte „feuchter" u. „trockener" vertauscht!

**) = *Fagetum calcareum fraxinetosum* von 1933, aufgeteilt in *F. c. ulmetosum* und *F. c. fraxinetosum,* genauer *caricetoso remotae-fraxinetosum.*

GRADMANN 20, 1936, S. 60—61, Tab. S. 422 ff., Liste S. 28—29.

Schwäbische Alb.

„Felsschluchtbestände".

Tab. mit 11 Aufn. u. Artenliste nach 38 Aufn. aus 600—900 m ü. M.; teils ohne Mengenangabe, mit Hervorhebung höherer Deckungsgrade. „Leitarten": *Aconitum variegatum, Anthriscus nitida, Cardaminopsis arenosa* (F), *Asplenium Trichomanes* (F), *Chrysosplenium alternifolium, Campanula cochlearifolia* (F), *Cystopteris Filix-fragilis* (F), *Epilobium montanum, Geranium Robertianum* (F), *Impatiens Noli-tangere, Cicerbita muralis, Lamium maculatum, Lunaria rediviva, Mercurialis perennis, Saxifraga decipiens* (F), *Scolopendrium vulgare* (F), *Stellaria nemorum, Valeriana tripteris* (F). Die Tab. enthält ferner: *Acer Pseudoplatanus,. Fagus silvatica, Fraxinus, Tilia platyphyllos, Ulmus montana, Mercurialis perennis, Urtica dioica, Anomodon* (F), *Ctenidium (Hypnum) molluscum* (F), *Neckera* (F) etc. Die Aufn. umfassen die Vegetation der Felsen (= F) u. des Bodens dazwischen u. an ihrem Fuß.

Standort: Ganz besonders gut ausgeprägte Ges. mit eigenartigen Standortsbedingungen: felsige, tiefschattige Schluchten der Massenkalke des Weiß-jura (δ u. ε).

[Vgl. auch die nahverwandte „Schuttfazies des Bergwaldes"*) (mit *Lunaria*) in steilen, nördlichen, lichtreicheren Freilagen! GRADMANN 1936, S. 29 u. 63.

Als selbständige Gesellschaften neben den Felsschluchtbeständen werden ferner behandelt der „Schluchtwald des Weißen Jura" (ebenfalls sehr luftfeucht, verwandt mit Buchenwald des tonigen Bodens) und der „Schluchtwald des Braunen Jura" (Schluchten in Opalinuston, mit Esche u. Schwarzerle), S. 58 bis 59, 28, 419—422.]

---

*) vgl. Anm. S. 23.

TÜXEN und DIEMONT 21, 1936, S. 148—150.

Lourdes (N-Pyrenäen).

Tilia platyphyllos-Dryopteris lobata-Assoziation.

1 Aufn. mitgeteilt. Zusammensetzung aus: *Tilia platyphyllos* vorherrschend, *Fagus silvatica, Ulmus montana; Polystichum lobatum* (= *Dryopteris lobata),*

Scolopendrium vulgare, Lunaria rediviva, Actaea spicata, Asperula odorata, Mercurialis perennis, Pulmonaria affinis, Dentaria digitata, Symphytum tuberosum, Urtica dioica, Geranium Robertianum, Chrysosplenium oppositifolium, Saxifraga umbrosa usw.

S t a n d o r t : Steiler N-Hang mit überrieseltem Kalksteinfels. Nahe verwandt mit dem *Acereto-Fraxinetum* und wohl als eine südwestliche Parallelassoziation aufzufassen.

Sukzession an N-Steilwänden: von einer Moos-Ges. mit *Saxifraga umbrosa* über die *Tilia platyphyllos-Dryopteris lobata*-Ass. zur Klimax-Ges. *Quercus Robur-Isopyrum thalictroides*-Ass.

[Vgl. *Acereto-Fraxinetum pyrenaicum* von KNAPP 1942, Auszug Nr. 57.]

KLIKA 22, 1936, S. 398—401, 403, 417. [= 1936 a]
Große Fatra (W-Karpathen) in der Slowakei.

Aceretum Pseudoplatani Fatrae. Acer Pseudoplatanus-Lunaria rediviva-Assoziation.

Tab. mit 10 Aufn. aus 600 bis 1200 m Höhe ü. M. Charakteristisch sind: *Acer Pseudoplatanus, Ulmus montana, Lunaria rediviva, Impatiens Noli-tangere, Polystichum lobatum, Scolopendrium vulgare, Fraxinus excelsior, Ribes alpinum.* In der Baumschicht neben Bergahorn, Ulme und Esche auch Buche, Weißtanne und stellw. Fichte. Aus der Reihe der Verbands- und Ordnungs-Char.-Arten in der Tabelle (wie *Mercurialis perennis, Actaea spicata, Asperula odorata, Aconitum Vulparia* etc.) beachte: *Isopyrum thalictroides, Symphytum tuberosum, Dentaria enneaphyllos, Salvia glutinosa* [als pflanzengeographisch bedingte Diff.-Arten der östlichen Ausbildungsform].

G e s e l l s c h a f t s s y s t e m a t i k : Die Ass. gehört zusammen mit verschiedenen anderen Ass. und Subass. des *Fagetum carpaticum Fatrae* zum *Fagion*, dieser Verband zur Ordnung der *Fagetalia*.

S t a n d o r t : Namentlich in den gegen N gewendeten Schluchten mit skelett- bis blockartigem, saurem bis neutralem Boden. Dauerwald auf steilen Hängen; bei genügender Anhäufung von Feinskelett und Humus Entwicklung zum Buchenwald hin. Auf N-exponiertem Kalk- und Dolomitschotter als Entwicklungsstadium des Buchenwaldes.

F a z i e s b i l d u n g : Fazies mit *Dryopteris austriaca* ssp. *spinulosa* und *Athyrium Filix-femina* auf steinigem Silikat-Untergrund. Fazies mit *Petasites albus* und *Impatiens Noli-tangere* in feuchteren Schluchten; Neigung zu Podsolbildung und daher degradationsgefährdet.

Auf S. 403 eine Aufn. eines Buchenwaldes mit einzelnen Bergahornen aus 1100 m ü. M. mit „Beziehungen zum *Aceretum Pseudoplatani*" (mit *Lunaria!*) und andererseits Einmischung von *Adenostyles Alliariae, Mulgedium alpinum, Ranunculus platanifolius* und *Rumex arifolius.*

[Anklang an *Acereto-Fraxinetum* Subass. von *Cicerbita alpina* TÜXEN 1937.]

L i t .: „Verwandte, fast identische Ass. wurden im ganzen Buchenwaldbezirke beschrieben": BEGER 1922, ISSLER 1925, KOCH 1926, WINTELER 1927, LIBBERT 1930, TÜXEN 1931. Von dem durch SILLINGER 1933 aus der Niederen Tatra beschriebenen *Aceretum Pseudoplatani* unterscheidet sich die Ass. durch das Vorkommen von *Scolopendrium,* das nur in der Fatra und hier nur in dieser Ges. vorkommt.

KLIKA 23, 1936, S. 510. [= 1936 b]
Lobosch, Milleschauer (Böhmisches Mittelgebirge).

Acer pseudoplatanus-Fraxinus excelsior-Assoziation.

1 Aufn. vom N-Hang des Lobosch oberhalb des Wopparntales, mit *Acer Pseudoplatanus, Tilia platyphyllos, Fagus silvatica* (1 Baum), *Betula verrucosa, Ribes alpinum, Dryopteris Filix-mas* u. *D. Phegopteris, Urtica dioica, Galium asperum* usw.

Nur fragmentarisch entwickelt, floristisch sehr arm und ziemlich begrenzt.

„Die Schluchten sind nie so tief und schmal, um die feuchtere und kühlere Atmosphäre aufzuweisen, wie es diese Ass. erfordert."

FEUCHT 24, 1937, S. 34.
Südwestdeutschland.

Phyllitido-Acereto-Ulmetum von FABER 1936.

Bergahorn-Ulmen-Wald oder Hirschzungen-Wald, entspricht dem Schluchtwald der Alb (GRADMANN 1936). Vgl. hierzu den Bergahorn-Ulmen-Wald der Vogesen *Ulmeto-Aceretum* (ISSLER 1931) und den früher beschriebenen, jetzt (durch FABER 1936) aufgelösten Bergahorn-Eschenwald *Acereto-Fraxinetum.*

FABER 25, 1937, S. 18.

Mittleres Neckar- und Ammertal-Gebiet.

Phyllitido-Acereto-Ulmetum (GRADMANN 1898) FABER 1936 fehlt im Gebiet. Ebenso fehlt das *Fagetum ulmetosum* FABER 1936, der Steinschluchtwald-ähnliche Buchenwald.

TÜXEN 26, 1937, S. 146—148.
Nordwestdeutschland.

Acereto-Fraxinetum typicum (GRADMANN) TX.1937, Eschen-Ahorn-Schluchtwald.

Sammeltabelle aus 12 Aufn. mit Angabe von Stetigkeit in % und Menge. Lokale Char.-Arten: *Acer Pseudoplatanus, Scolopendrium vulgare, Tilia platyphyllos, Actaea spicata, Polystichum lobatum, Lunaria rediviva.* Verb.-Char.-Arten (des *Fraxino-Carpinion*), wie alle folgenden Arten nach abnehmender Stetigkeit geordnet: *Galium silvaticum, Fraxinus excelsior, Impatiens Noli-tangere, Stachys silvaticus, Eurhynchium striatum, Lamium maculatum,* . . . *Carpinus Betulus, Tilia cordata* . . . Ordn.-Char.-Arten (der *Fagetalia*) [einschl. übergreifende *Fagion*-Arten]: *Fagus silvatica, Poa nemoralis, Epilobium montanum, Mycelis muralis, Arum maculatum, Scrophularia nodosa, Mercurialis perennis, Festuca silvatica, Adoxa Moschatellina, Alliaria officinalis, Lamium Galeobdolon, Asperula odorata, Corydalis cava, Circaea lutetiana . . . Acer platanoides, . . . Cardamine bulbifera . . .* Begleiter: *Urtica dioica, Geranium Robertianum, Dryopteris Filix-mas, Asplenium Trichomanes, Cystopteris Filix-fragilis, Corylus Avellana, Sambucus racemosa, Ctenidium molluscum, Ulmus montana, Rubus idaeus, Chrysosplenium alternifolium, . . . Neckera complanata, . . . Sambucus nigra, . . . Dryopteris Robertiana, . . . Ribes alpinum.*

S t a n d o r t : „Dauergesellschaft an steilen, schattigen und kühlen O- bis N-gerichteten Felsabbrüchen (Klippen) und Steilhängen in Südhannover und im Harz, sowohl auf Kalk als auch auf Silikat. Nicht selten, jedoch oft nur fragmentarisch entwickelt. Auf Kalk anscheinend eng mit einer nur schwer abzutrennenden felsbewohnenden Moosgesellschaft verbunden. Char.-Ass. der unteren *Fagetum*-Stufe".

G e s e l l s c h a f t s s y s t e m a t i k : Das *Acereto-Fraxinetum* bildet zusammen mit dem *Cariceto remotae-Fraxinetum,* dem *Alnetum incanae* und verschiedenen *Querceto-Carpineten* samt einer Pioniergesellschaft lichter Waldränder, der *Prunus spinosa - Crataegus -* Ass., das *Fraxino-Carpinion* TX. 1936, den Verband mesophiler Laubmischwälder. Dieser wird mit dem großen Verband des *Fagion* PAWŁOWSKI 1928 zur Ordnung *Fagetalia silvaticae* PAWŁOWSKI 1928 zusammengefaßt.

Subass. von *Cicerbita alpina* (BEGER 1922)*) TX. 1937.

Artenliste aus 7 Aufn. mit Stetigkeitsangabe. Char.-Arten: *Acer Pseudoplatanus, Actaea spicata, Lunaria rediviva.* Diff.-Arten: *Polygonatum verticillatum, Picea excelsa, Mulgedium alpinum, Ranunculus aconitifolius* ssp. *platanifolius, Dryopteris austriaca* ssp. *dilatata, Petasites albus, Luzula nemorosa* [?]. Die Subass. enthält ferner: *Stellaria nemorum, Chaerophyllum hirsutum, Filipendula Ulmaria, Crepis paludosa, Dryopteris Linnaeana, Dryopteris Phegopteris* u. a.

S t a n d o r t : „In der oberen Buchenstufe des Harzes an schattigen, kühlen und feuchten Berghängen. Noch wenig untersucht. Die Abgrenzung gegen die hochstaudenreichen Buchenwälder des Schwarzwaldes, der Vogesen, der Alpen usf. bleibt noch vorzunehmen."

---

*) [Bezieht sich auf die nicht ganz identische Hochstauden-Subass. des *Acereto-Ulmetum* von BEGER 1922, S. 72—73.]

KUHN 27, 1937, S. 313—323.
Neckargebiet der Schwäbischen Alb.

Ulmeto-Aceretum lunarietosum. Lunaria-Bergahornwald = *Lunaria*-Schluchtwald = *Lunaria*-Wald.

Tabelle mit 7 Aufn. bei 520—860 m ü. M. In I: *Acer Pseudoplatanus, Ulmus montana, Fraxinus excelsior,* keine Buche. In II auch wenig *Tilia platyphyllos, T. cordata, Acer platanoides.* Char.-Arten: *Lunaria rediviva, Scolopendrium vulgare, Cystopteris Filix-fragilis, Impatiens Noli-tangere, Polystichum lobatum, Chrysosplenium alternifolium, Impatiens parviflora* (letztere in 1 Aufn. mit gestörtem Boden). Arten nährstoffreicherer Böden und Ruderalpflanzen: *Urtica dioica, Aegopodium Podagraria, Alliaria officinalis, Aethusa Cynapium, Galium Aparine, Melandryum rubrum, Lamium maculatum, L. purpureum,* Weitere Begleiter: *Circaea lutetiana, Scrophularia nodosa, Lamium Galeobdolon,*

34

Mercurialis perennis, Asperula odorata, Allium ursinum, Dryopteris Filix-mas, *Aconitum Vulparia, Campanula latifolia* usw., Moose. Vorherrschen der Hochstaudenformen. Zurücktreten von Knollen- und Rhizomgeophyten sowie von Flugfrüchtlern.

S t a n d o r t : Am Steilhang des Weißen Jura (Kondensationszone) in tief eingeschnittenen Schluchten nordwärts gerichteter Täler oder an steilen N-Hängen. Besonnung ganz oder fast ganz ausgeschlossen, geringer Lichtgenuß. Windstille. Häufig im Weißjura α, dem wichtigsten Quellhorizont der Alb; die vorwiegend mergeligen Bestandteile des α sind vermischt oder überdeckt mit Trümmern der Kalke von Weißjura β. Auch Weißjura γ und δ bilden geeignete Unterlage. Häufig Fragmente der Ges. am Fuß der steil aufragenden Schwammfelsen. Boden stets in geringer Tiefe wasserzügig, auch bei oberflächlicher Trockenheit des Kalkschotters; kein stagnierendes Wasser. Humusarmut infolge der Steilheit. Nährstoff- und Nitratreichtum.

F a z i e s von *Lunaria* schuttreich, von *Impatiens Noli-tangere* lehmiger.

KELHOFER 1915 versteht „unter Schluchtwald etwas ganz anderes". Seine Bestände leiten zum Erlen-Auenwald über, ebenso wie das *Acereto-Ulmetum* BEGER 1922.

1 photogr. Abb. S. 313: *Lunaria*-Wald im Naturschutzgebiet am Lochenhörnle.

BUCK-FEUCHT 28, 1937, S. 45/46.
Württemberg.

Acereto-Fraxinetum.

Char.-Arten: *Acer Pseudoplatanus, Tilia platyphyllos, Scolopendrium vulgare, Actaea spicata, Lunaria rediviva, Polystichum lobatum.*

Überblick über den Stand der Kenntnis des Schluchtwaldes in Württemberg:

1. S u b a s s. *typicum.* L i t : TÜXEN 1937, S. 146—148; KUHN 1937, S. 313 bis 323; FABER 1936, S. 35 ff. *(Phyllitido-Acereto-Ulmetum);* GRADMANN 1936, S. 60—61 und 422—424 (Schluchtwald des Weißen Jura [abweichend!], Feisschluchtbestände).

2. S u b a s s. *tilietosum* = *Acereto-Tilietum* FABER: Diff.-Arten: *Tilia platyphyllos, Sorbus Aria, Viburnum Lantana, Amelanchier ovalis, Cotoneaster intergerrima, Helleborus foetidus, Rumex scutatus, Rubus saxatilis, Valeriana tripteris, Dryopteris Robertiana.*
   S t a n d o r t : Trockene N- bis O-Lagen, Felsen. Lichtbedürftiger als Subass. *typicum.* Systematische Stellung nicht ganz sicher.
   L i t.: FABER 1936, S. 33—35, 42 ff.

3. S u b a s s. *cicerbitetosum alpinae.* Diff.-Arten: *Mulgedium alpinum (= Cicerbita alpina), Petasites albus, Ranunculus aconitifolius* ssp. *platanifolius, Polygonatum verticillatum, Picea excelsa.*
   S t a n d o r t : Schluchtwald mit Hochstauden in höheren Lagen. Im Schwarzwald und Allgäu noch gegen den [subalpinen] hochstaudenreichen Buchenwald abzugrenzen.
   L i t.: TÜXEN 1937, S. 147—148; OBERDORFER 1936, S. 75—76, „hochstaudenreicher Bergahorn-Eschen-Wald" im Schwarzwald, [Nein, ohne Schluchtwaldarten!]

SCHWICKERATH 29, 1937, S. 48—49; ferner S. 33—34.

Hohes Venn (W-Deutschland).

Scolopendrieto-Fraxinetum, Hirschzungen-reicher Eschen-Schluchtwald.

Assoziationsbestimmende Arten: *Scolopendrium vulgare, Cardamine impatiens, Acer Pseudoplatanus, Polystichum lobatum, Lunaria rediviva, Fraxinus excelsior.* Dazu als Diff.-Arten gegenüber anderen Ass. des *Fagion: Ulmus montana, Tilia platyphyllos.*

S t a n d o r t : Steile Schluchthänge sehr schwer verwitternder, meist nährstoffreicher Gesteine (besonders Devonschiefer), ständig reich durchflutet und durchsickert von kaltem, nährstoffreichem Quellwasser; hohe Luftfeuchtigkeit, gern in N-Lagen der östl. Nordeifel. Boden geröllreich, zuweilen noch reiner Skelettboden.

V e g. - E n t w i c k l u n g : Dauerges., die sich aus verschiedenen Quellflur-Ges. entwickeln kann und bei weiterer Bodenverwitterung zum *Acer Pseudoplatanus*-reichen *Querceto-Carpinetum stachyetosum* oder zum *Ulmus montana*-reichen *Fagetum* hinführt. Auf brüchigem Schiefer meist nur noch das *Lunaria*-reiche Endstadium der Ass. vorhanden; hiervon 1 Bodenprofil mitgeteilt (A C-Profil).

KÜMMEL 30, 1937, S. 191.

Umgebung von Düsseldorf.

„Der Eschenschluchtwald nach Norden gelegener Schluchten der Kalk- und Schieferböden konnte im Gebiet von Düsseldorf bisher noch nicht festgestellt werden, obwohl das Vorkommen von *Scolopendrium* u. a. darauf hinweist, daß er ehemals etwa in dem engen schluchtenreichen Neandertal vorhanden gewesen sein kann."*)

---

*) Im Neandertal, dessen Flora heute durch den Steinbruchbetrieb weitgehend vernichtet ist, beobachtete A. HAHNE in den 90er Jahren des vorigen Jahrhunderts *Fraxinus, Lunaria, Scolopendrium, Polystichum lobatum* (briefl. Mitteilung von Herrn Stadtrat HAHNE. Bonn, vom 24. Mai 1944).

SCHWICKERATH 31, 1938, S. 45—48, 79. [= 1938 a].

Hohes Venn und Rheinland.

Scolopendrieto-Fraxinetum. Hirschzungen-reicher Eschen-Schluchtwald.

Char.-Arten: *Scolopendrium vulgare, Polystichum lobatum, Lunaria rediviva, Cardamine impatiens.* Verb.-Char.-Arten (des *Fagion*): *Fraxinus excelsior, Acer Pseudoplatanus, Daphne Mezereum, Poa nemoralis, Asperula odorata, Milium effusum, Epilobium montanum, Melica uniflora, Polygonatum multiflorum, Carex silvatica, Arum maculatum, Mercurialis perennis, Actaea spicata, Euphorbia amygdaloides* (auf das beschriebene Untersuchungsgebiet beschränkt). Montane Begleiter: *Ulmus montana, Tilia platyphyllos.*

E n t w i c k l u n g u. S t a n d o r t: Steile, durchsickerte, meist nach N gelegene steinreiche Schluchten. — 2 Fazies:

a) *Scol.-Frax. typicum* in den nach N gelegenen steilen und stark durchsickerten Hartschiefer-Schluchten des Kermeters (östliche Nordeifel).

b) *Scol.-Frax. lunarietosum redivivae***), Mondviolen-reiche Form des Hirsch-zungen-reichen Schluchtwaldes; Endzustand, in dem *Scolopendrium* schon fehlt und *Lunaria* vorherrscht. Am engeren O- und SO-Rand des Hohen Venns in den steilen, durchsickerten Schluchten der oberen Rur und Warche und deren Nebentälern. — Hierzu 1 Abb. (S. 46) und 1 Bodenprofil mit Skizze (S. 47, AC-Profil eines mineralischen Naßbodens mit vornehmlich durchsickernder Nässe).

V e r b r e i t u n g : „Im gesamten übrigen Rheinland sehr zerstreut und bruchstückartig".

**) [Dies wäre die Bezeichnung für eine Subass., als Fazies richtiger *„lunariosum redivivae"* zu benennen.]

SCHWICKERATH 32, 1938, S. 294—296. [= 1938 b]
Hohes Venn (Eifel).

Wie 1937 und 1938 a.

[Im Hinblick auf die wiederholte Behandlung des Schluchtwaldes durch SCHWICKERATH verzichten wir darauf, auch aus dieser Arbeit einen Aus-zug zu bringen, weil die Einsichtnahme zur Zeit nur unter großen Schwierig-keiten möglich gewesen wäre.]

KOCH H. u. v. GAISBERG 33, 1938, S. 26—28, 49—51.
Naturschutzgebiet Untereck bei Balingen (Schwäbische Alb).

U l m e n - A h o r n w a l d m i t S i l b e r b l a t t o d e r G e r ö l l w a l d =
Phyllitido-Aceretum FABER 1936 = *Ulmeto-Aceretum lunarietosum* KUHN 1937.
Tab. mit 8 Aufn. vom Untereck-Gebiet, ca. 850 m hoch, und Plettenberg, 930 m. Hauptholzarten: Esche, Bergahorn, Ulme, Sommerlinde; beigemischt: Buche, Tanne, auch Fichte. Char.-Arten u. kennzeichnende Begleiter: *Lunaria rediviva, Scolopendrium vulgare, Cystopteris Filix-fragilis, Dryopteris Rober-tiana, Polystichum setiferum.* Veg.-Bed. in der Krautschicht niedrig, in der Moosschicht hoch.
S t a n d o r t : Besiedelt den zur Ruhe gekommenen Schutt („Hanggeröll") im unteren Teil der felsigen Nordhänge.
Auf Vegetationskärtchen 1 : 10.000 auf S. 38 mit besonderer Signatur aus-geschieden. 2 Photo-Aufn. auf S. 26 u. 27.
Aus anderen Teilen der Alb durch FABER u. durch KUHN beschrieben, dort fehlt aber die Beimengung des Nadelholzes. Verwandte Gesellschaften: *Acer Pseudoplatanus*-Wald von TÜXEN 1931, *Ulmeto-Aceretum* von ISSLER 1926. Auch die Felsschluchtbestände GRADMANNS weisen viele gemeinsame Züge mit der Ges. auf.

DIEMONT 34, 1938, S. 73—76.
Nordwestdeutsches Mittelgebirge.

Acereto-Fraxinetum typicum (GRADMANN) TX. 1937.

Tab. mit 3 Aufn. aus etwa 300 m Höhe ü. M. vom Duinger Berg, Oster-wald und Ith. Char.-Arten: *Acer Pseudoplatanus, Scolopendrium vulgare, Actaea spicata, Polystichum lobatum, Lunaria rediviva. Tilia platyphyllos* unter den

Begleitern angegeben. Deckungsgrad der Krautschicht oft gering. Reiche Moosschicht auf den Blöcken mit *Ctenidium molluscum, Neckera complanata, Thamnium alopecurum* etc.

S t a n d o r t : Am Fuße von nach N oder O abstürzenden Kalkklippen im
Leine- und Weser-Bergland auf dem von wenig Feinerde untermischten Ge-
steinsschutt bei großer Luftfeuchtigkeit, Mangel an direktem Sonnenlicht und
niedrigen Temperaturen.

V e g e t a t i o n s e n t w i c k l u n g : In dem Maße, wie die Felsen „in
ihrem eigenen Schutt ersticken", bekommt die Buche die Oberhand; Entwicklung zum *Fagetum allietosum,* das an den N- und O-Hängen auch nach unten
hin das *Acereto-Fraxinetum* ablöst.

In optimalen Beständen fehlt die Buche ganz. Sehr gute Wuchsleistung
von Bergahorn, Esche, Bergulme und Linde machen den Standort für Edelholz-
Arten geeignet.

MOOR 35, 1938, S. 456—457, auch 422—423 u. 442—443.
(Mitteleuropa).

Acereto-Fraxinetum (KOCH 1926) TX. 1931, *Acereto-Lunarietum* KLIKA 1936,
Ulmeto-Aceretum lunarietosum KUHN 1937. Eschen-Ahorn-Schluchtwald,
Lunaria-Bergahorn-Wald, *Lunaria*-Schluchtwald, *Lunaria*-Wald, Schluchtwald.

G e s e l l s c h a f t s s y s t e m a t i s c h e E i n o r d n u n g u n d f l o r i -
s t i s c h e F a s s u n g : Das *Acereto-Fraxinetum* ist eine Ass. des Verbandes
Fraxino-Carpinion aus der Ordnung der *Fagetalia.* Die Vergleichstabelle der
Gesellschaften der Ordnung (S. 422—423) sowie des Verbandes (S. 442—443) enthält eine Liste der bestimmenden Arten mit Stetigkeitsangabe nach Aufnahmen
aus der Schwäbischen Alb .(KUHN 1937), NW-Deutschland (TÜXEN 1931),
der Eifel (SCHWICKERATH 1933) und aus der NW-Schweiz von MOOR.
Ass.-Char.-Arten: *Lunaria rediviva, Scolopendrium vulgare, Polystichum loba-
tum, Actaea spicata, Tilia cordata.* Diff.-Arten der Ass. gegenüber anderen
Assoziationen des Verbandes: *Cystopteris Filix-fragilis, Polypodium vulgare,
Asplenium viride, Moehringia trinervia.* Verb.-Char.-Arten liefern die herrschen-
den Arten der Krautschicht: *Primula elatior, Arum maculatum, Impatiens
Noli-tangere, Circaea lutetiana, Aegopodium Podagraria, Scrophularia nodosa,
Anemone ranunculoides, Brachypodium silvaticum, Festuca gigantea, Ranun-
culus Ficaria, Alliaria officinalis, Stachys silvaticus, Glechoma hederacea, Geum
urbanum, Carex remota;* dazu *Fraxinus excelsior, Carpinus Betulus, Viburnum
Opulus, Evonymus europaea.* An übergreifenden Char.-Arten des *Fagion:
Actaea spicata, Daphne Mezereum, Sanicula europaea, Phyteuma spicatum,
Asarum europaeum, Abies alba, Mercurialis perennis, Fagus silvatica, Asperula
odorata.* Zahlreiche Ordn.-Char.-Arten der *Fagetalia: Lamium Galeobdolon,
Allium ursinum, Milium effusum* u. a. m. Zurücktreten der wärmebedürfti-
geren Klassen-Char.-Arten. Gelegentlich übergreifende Arten des *Piceion: Picea
excelsa, Rosa pendulina, Ribes alpinum.* An Stelle von Bergahorn und Esche
können gelegentlich auch die sonst untergeordnete Bergulme und Linden-Arten
vorherrschen.

S t a n d o r t : Der Standort ist „viel mehr durch große Feuchtigkeit der
Luft als des Bodens ausgezeichnet".

S u b a s s. v o n *Cicerbita alpina* mit Diff.-Arten: *Polygonatum verticillatum, Picea excelsa, Mulgedium alpinum (= Cicerbita alpina), Ranunculus aconitifolius, Dryopteris austriaca* ssp. *dilatata* u. a. Durch TÜXEN 1937 beschrieben.

Acereto-Fraxinetum Fatrae, östliche Subass. aus den W-Karpathen, mit Diff.- Arten *Aconitum Vulparia, Dentaria enneaphyllos, Symphytum tuberosum, Primula carpatica*, Bergahorn und Buche herrschen vor, Esche tritt zurück. Von KLIKA 1936 als *Aceretum Pseudoplatani Fatrae* oder *Acer Pseudoplatanus-Lunaria rediviva*-Ass. beschrieben.

„Das *Acereto-Ulmetum* BEGERS (1922) aus dem Schanfigg, das in den meisten Literaturzitaten als Schluchtwald bezeichnet und demzufolge beim *Acereto-Fraxinetum* eingereiht wird, gehört zum *Alnetum glutinoso-incanae* und nicht hierher." In dieser Ges. kommen aber schluchtartige, feuchtschattige Stellen mit *Lunaria rediviva, Impatiens Noli-tangere, Polystichum lobatum* vor, die dem *Acereto-Fraxinetum* nahe stehen, wie unveröffentlichte Aufnahmen von MOOR, BRAUN-BLANQUET und FLÜTSCH bei Chur-Disentis beweisen.

L i t.: TÜXEN 1931, S. 102 ff., 1937, S. 146—148; KLIKA 1932, S. 346 ff., 1936, S. 398—401; SCHWICKERATH 1933, S. 117—120.

MOOR 36, 1938, S. 457.
Pyrenäen.

Tilia platyphyllos-Dryopteris lobata-Assoziation TX. et DIEMONT 1936.

Im Unterschied zum mitteleuropäischen *Acereto-Fraxinetum* wird die atlantische Ges. von der Linde gebildet; Bergahorn und Esche fehlen. Gegenüber dem *Acereto-Fraxinetum* weist die Ges. auf: *Hypericum Androsameum* und die Diff.-Arten *Ruscus aculeatus, Symphytum tuberosum, Scrophularia vernalis, Saxifraga umbrosa, Chrysosplenium oppositifolium*.

L i t.: TÜXEN und DIEMONT 1937, S. 148 ff.

MOOR 37, 1938, S. 433—434.
Toskanischer Apennin.

Acereto-Asperuletum taurinae BR.-BL. prov. (vorläufige Fassung).

Nach einer nicht mitgeteilten Aufn. von BRAUN-BLANQUET von Badia Pradaglia bei 1200 m in N-Exposition. Nahe verwandt mit dem Buchenwald des Gebietes, der *Fagus silvatica-Cardamine chelidonia*-Ass., aber in der Baumschicht herrscht *Acer Pseudoplatanus*. Vorläufige Char.-Arten: *Lunaria rediviva, Impatiens Noli-tangere, Asperula taurina*. Die Zugehörigkeit zum *Fagion* bekunden *Dentaria bulbifera, Euphorbia dulcis, Actaea spicata* u. a., die Ges. steht aber dem *Fraxino-Carpinion* nahe.

[Mit dem Schluchtwald verwandt? Ökologie?]

HORVAT 38, 1938, S. 153, 185—188, 259—260, 265, 267.
Kroatien.

Acereto-Fraxinetum croaticum.

1 Aufn. aus der Medvednica bei Agram. In I vorherrschend *Fraxinus excelsior*, dazu vereinzelt *Acer Pseudoplatanus* u. *A. platanoides, Ulmus montana*,

Fagus silvatica, Abies alba, Picea excelsa. III: *Lunaria rediviva, Urtica dioica, Impatiens Noli-tangere, Festuca gigantea, Aegopodium Podagraria, Circaea lutetiana, Glechoma hederacea, Anemone nemorosa, Leucojum vernum, Dryopteris Filix-mas, Senecio nemorensis, Asperula odorata, Mercurialis perennis, Aconitum Vulparia, Corydalis solida, Arum maculatum, Dentaria bulbifera, D. enneaphyllos, D. trifolia, Geranium phaeum, Cyclamen europaeum, Isopyrum thalictroides, Symphytum tuberosum* etc.

S t a n d o r t : Lokalbedingte Dauerges. in der Buchenwald-Stufe. Stark humöse, feuchte, lange mit Schnee bedeckte Standorte.

S y s t e m a t i s c h e   S t e l l u n g : Da im Gebiet selten in typischer Ausbildung vorhanden, ist die Charakterisierung noch unvollkommen. Verwandt mit dem *Acereto-Fraxinetum* Mitteleuropas, aber mit besonderen Eigentümlichkeiten. Die Ges. gehört zum *Fagion* i. w. S.; die gemeinsamen Züge, die die 3 Ges. *Acereto-Fraxinetum croaticum, Querceto-Carpinetum croaticum* und *Fagetum croaticum* aufweisen, rechtfertigen nicht eine Zuteilung zu verschiedenen Verbänden *(Fagion* und *Fraxino-Carpinion* TX.).

In hohen Lagen werden die entsprechenden Standorte von Hochstaudenfluren des *Adenostylion Alliariae* eingenommen. 1 Aufn. eines Übergangs-Bestandes (S. 188) enthält neben *Lunaria, Allium ursinum, Lamium maculatum, Dentaria enneaphyllos, Vicia oroboides* u. ä. vorherrschend Hochstauden wie *Adenostyles Alliariae, Doronicum austriacum, Senecio nemorensis, Mulgedium alpinum, Rumex arifolius.*

SCHWICKERATH 39, 1939, S. 71, 73—74, 81—83.
Rurtal-Gebiet in der Nordeifel.

Scolopendrieto-Fraxinetum, Hirschzungen-reicher Schluchtwald.

1 Aufn. vom Erpenscheider Berg südl. der Urfttalsperre, etwa 400 m ü. M., „Siefen" zwischen zwei Felsriegeln. Char.-Arten: *Scolopendrium vulgare, Polystichum lobatum, Lunaria rediviva, Cardamine impatiens,* Verb.-Char.-Arten *(Fagion* einschl. *Fraxino-Carpinion* TX.): *Fraxinus excelsior, Acer Pseudoplatanus* und *A. campestre, Asperula odorata, Milium effusum, Epilobium montanum, Lamium Galeobdolon, Arum maculatum, Mercurialis perennis.* Unter den Begleitern und aus anderen Aufn. derselben Gegend sind u. a. vorhanden: *Ulmus montana, Tilia platyphyllos, Urtica dioica,* verschiedene Moose.

S t a n d o r t : Dauergesellschaft steilschroffer, felsiger Schluchten des Rurtal-Gebietes. Ständige oder zeitweilige Durchsickerung und nie ruhende Anschwemmung von Hang-Erde bedeuten immer wieder erneuernde Beschickung mit Nährstoffen.

V e g e t a t i o n s e n t w i c k l u n g : Genetisch verbunden mit den 2 anderen Ges. der „Schluchtwaldgruppe", nämlich dem *Querceto-Carpinetum aceretosum Pseudoplatani* und dem *Fagetum ulmetosum montanae.* Mit der Ausfüllung der Zwischenräume zwischen dem groben Geröll und Auflagerung von Humus bildet sich die *Lunaria*-Fazies des *Scolopendrieto-Fraxinetum* aus. Bei Beschickung mit Kleinschutt und dessen Durchdringung mit feinerem Material entsteht das *Querceto-Carpinetum aceretosum.* Beim Nachlassen der Zufuhr von Hangschutt und Hanghumus und bei Durchsickerung nur noch in der Tiefe stellt sich das *Fagetum ulmetosum* ein.

40

Das schluchtartige Rurtal bei Monschau (unterdevonische Schiefer und Grauwacke) trug ursprünglich Gesellschaften der Schluchtwaldgruppe, ist aber heute mit Fichten aufgeforstet.

MEUSEL 40, 1939, S. 51, 80—84; ferner Tab. auf S. 76—79 mit Aufn. 8—11. Südliches Harzvorland.

„Schluchtwaldartige Bestände", „Schluchtwald der *Fagetum*-Zone."
  Tab. mit 4 Aufn. von Ellrich u. Osterode am Harz.

Leitpflanzen im Untersuchungsgebiet: *Acer Pseudoplatanus, Tilia platyphyllos, Ribes alpinum, Sambucus racemosa, Mercurialis perennis, Lamium Galeobdolon, Allium ursinum, Corydalis cava, Urtica dioica, Lunaria rediviva, Stachys silvaticus, Arctium nemorosum, Cystopteris Filix-fragilis, Scolopendrium vulgare.* Infolge des lückigeren Kronenschlusses am blockreichen Steilhang und der Bodenfeuchtigkeit sind Bergahorn, Bergulme und Sommerlinde der Buche überlegen. Wenig Esche vorhanden. Feld- u. Bodenschicht spiegeln den mannigfach gegliederten Untergrund wieder. An oberflächlich feinerdereicheren Stellen kleine „Beete" von Buchenwaldpflanzen *(Mercurialis, Asperula odorata, Anemone ranunculoides),* auch Arten des geophytenreichen Buchenwaldes *(Arum maculatum, Corydalis cava, Allium ursinum).* Stärker als im Buchenwald treten Hochstauden u. Farne hervor. Massenwuchs von Nitrophilen: *Urtica dioica, Aegopodium Podagraria, Alliaria officinalis* etc. *Lunaria rediviva* besiedelt den Kalkschutt, Leitpflanze ersten Ranges. Hohe Luftfeuchtigkeit erlaubt auch das Gedeihen auf Geröll bei *Geranium Robertianum, Cystopteris, Scolopendrium* u. Moosen. Quellige Stellen mit *Impatiens Noli-tangere* und *Chrysosplenium alternifolium.* Nährstoffreiche Pflanzengesellschaft. Üppiger Sommeraspekt. Der Schluchtwald ist eine durch den räumlichen Aufbau stark charakterisierte Ges., er „besteht aus einem Mosaik recht verschiedenartiger Teilvereine. Sein typisches Gepräge wird durch das regelmäßige Zusammentreffen derselben besser und umfassender bestimmt als durch einzelne Leitarten".

V o r k o m m e n : Im Untersuchungsgebiet auf den westlichen Teil beschränkt. Selten am Fuß N-exponierter steiler Gipsfelsen (Ellrich); häufiger in den Einsturztrichtern des Gipsgebietes von Osterode, soweit sie von schuttliefernden, schattenspendenden Felsen umgeben sind (feinerdereichere Erdfälle tragen den geophytenreichen Buchenwald). Da wenig ausgedehnt, meist auch nur fragmentarisch.

P f l a n z e n g e o g r a p h i s c h e S t e l l u n g : Wie beim Buchenwald Vorwiegen von Leitpflanzen, die südeuropäisch-montan-mitteleuropäische Gesamtverbreitung aufweisen. Der Schluchtwald ist nächstverwandt mit dem Buchenwald, durch lokale Verhältnisse bestimmte Parallelbildung zu jenem. Am reichsten in den Konzentrationsgebieten der Buche entwickelt. Auch in Mitteldeutschland nur im Hauptentwicklungsgebiet der Buche ausgebildet. Nach dem NO Europas hin treten an Stelle der süd-mitteleuropäischen Leitpflanzen boreale Hochstauden; im SO Mitteleuropas allmählicher Ersatz des Schluchtwaldes durch Lindenblockhaldenwald, in den sich thermophile Arten einmischen. Die nahe pflanzengeographische Verwandtschaft zum Buchenwald widerspricht einer soziologischen Abtrennung des Schluchtwaldes vom *Fagion*-Verband u. der Vereinigung mit Auwäldern u. verschiedenen Eichenmischbeständen im *Fraxino-Carpinion.*

Foto Taf. XI und XII.

SCHLENKER 41, 1939, S. 109—112.

Laubwaldgebiet des württembergischen Unterlandes.

Phyllitido-Acereto-Ulmetum, Ulmen-Ahorn-Eschenwald, Steinschluchtwald.

Ohne Aufn.-Material erwähnt.

Steinüberschüttete Schluchtböden und Hänge von Kalkstein-Schluchten. Das Schema der Regional- (oder Großklima-)Gesellschaft und der Standort-Gesellschaften auf S. 110 zeigt die Ges. im äußersten Ring (ökologisch extremste Verhältnisse) im Sektor des Kalkbuchenwaldes. Im nächst inneren Ring folgt der verwandte Ulmen-Buchenwald *Fagetum calcareum ulmetosum.*

SVOBODA 42, 1935, S. 433—434. 1939, S. 101, S. 22 der dtsch. Zusfassg.

Liptauer Alpen in der westlichen Tatra.

Aceretum Pseudoplatani, Typ von *Lunaria rediviva.*

Kein Aufn.-Material mitgeteilt. — Dem Buchenwald soziologisch nahe verwandte Ges.; mit *Lunaria rediviva* und nitrophilen Arten wie *Rubus idaeus, Urtica dioica, Geranium phaeum, G. Robertianum, Lamium maculatum* u. a.

S t a n d o r t : Im Gebiete des Buchenwaldes nur auf kleinen Flächen auf Blockuntergrund in feuchteren Mulden, z. B. in Fragmenten unter dem Mihulci-Hang.

1939, S. 101: *Acer Pseudoplatanus, Lunaria, Polystichum lobatum, P. setiferum, Urtica dioica* u. a. im *Piceetum altiherbosum calcicolum* (mit *Adenostyles, Mulgedium* und anderen subalpinen Hochstauden)!

L i t.: SILLINGER 1933, S. 59.

MIKYSKA 43, 1939, S. 222—22

Slowakisches Mittelgebirge.

Aceretum Pseudoplatani praefatricum.

Tab. mit 8 Aufn. aus 780—1220 m. Bergahorn als vorherrschende Holzart, dazu Buche, zerstreut Bergulme. Oft unvollkommener Kronenschluß. Regional-charakteristische Arten: *Ulmus montana, Aconitum moldavicum, Lamium maculatum, Lunaria rediviva, Campanula latifolia-cordata, Polystichum lobatum, Scrophularia vernalis* (?). Zur charakteristischen Artenkombination gehören noch: *Asperula odorata, Geranium Robertianum, Impatiens Noli-tangere, Dryopteris Filix-mas.* Beachte ferner: *Actaea spicata, Urtica dioica* . . ., *Glechoma hirsuta, Salvia glutinosa, Symphytum tuberosum* [mit *Aconitum moldavicum* zusammen als geographische Diff.-Arten], . . . *Adenostyles Alliariae, Chaerophyllum hirsutum, Rumex arifolius, Mulgedium alpinum, Prenanthes purpurea* [als Eindringlinge aus dem an subalpinen Hochstauden reichen *Fagetum filiceto-adenostyletosum praefatricum*]. Für die Krautschicht ist das Vorherrschen von Dominanten charakteristisch, die sich gegenseitig ausschließen und an gewisse Bodenbeschaffenheit gebunden sind, so *Petasites albus, Lunaria,* verschiedene Farne *(Polystichum lobatum, Dryopteris Filix-mas, Athyrium Filix-femina), Urtica dioica.*

S t a n d o r t : Selten und nur kleinere Enklaven im Buchenwald bildend. Dauergesellschaft. Nicht in höheren Lagen. Von der Bodenfeuchtigkeit abhän-

.gig, „keinesfalls von der klimatischen Feuchtigkeit". Hänge mit nicht tiefem Grundwasserspiegel und Quelleinschnitte. Häufig Schotterböden.

F a z i e s v o n L u n a r i a auf Geröll. *Lunaria* wurzelt in sehr humus-reicher Erde zwischen Blöcken.

F a z i e s v o n P e t a s i t e s a l b u s, am bodensauersten von allen Aus-bildungsformen, am verbreitetsten. An Schluchthängen auf tonig-sandigem, tiefem, skelettartigem, humusreichem Boden.

F a z i e s v o n I m p a t i e n s, nass.

L i t.: Eine besser entwickelte Ges. beschreiben in den Karpathen DOMIN 1931, SILLINGER 1933, KLIKA 1936. Frühere Aufn. aus dem slowakischen Mittelgebirge s. bei MIKYSKA 1936.

KLIKA 44, 1939, S. 264—265, auch 258, 282.

Milleschauer Mittelgebirge (Sudetenland).

Acer Pseudoplatanus-Fraxinus excelsior-Assoziation. KLIKA 1932.

1 Aufn. eines Bergahorn-Sommerlinde-Bestandes vom Kletschenberg bei 480 m auf mit Phonolithgeröll bedecktem Steilhang. Zusammensetzung aus Arten des *Fraxino-Carpinion* und der *Fagetalia*, wobei xerophile Arten zurück- und feuchtigkeitsliebende Arten hervortreten. Vom *Acereto-Fraxinetum typicum* TÜXENs unterschieden durch Fehlen von *Scolopendrium* und *Polystichum lobatum*, die im mittelböhmischen Xerotherm-Gebiet nicht vorkommen, und durch die Seltenheit von *Lunaria*.

Selten in Bruchstücken an N- und NW-gewendeten Hängen und in feuch-ten Schluchten, auf steinigem Untergrund. Vgl. schemat. Profil der Vegetations-verteilung auf S. 258.

Verwandtschaftliche Beziehungen bestehen einerseits zum feuchten Eichen-Hainbuchenwald *Querceto-Carpinetum alnetosum*, andererseits zum Linden-wald-Stadium auf Geröllhängen.

MAGYAR 45, 1939/40, S. 233.

Ungarn.

In der Aufzählung ungarischer Waldtypen, die als „durch pflanzensozio-logische Forschungen bereits erschlossen" bezeichnet werden, befindet sich unter den „*Fageta altiherbosa*" ein „*Phyllitis-(Polypodium-)*Typ", der selten im Bükk-Gebirge vorkommt (nach ZOLYOMI), und ein „*Lunaria rediviva*-Typ", den SOó, ZOLYOMI und MAGYAR aus dem Bükk-Gebirge, SOó aus dem Köszeg-Gebirge als ziemlich selten beschrieben haben. [Anklang an Schluchtwald?]

„Der Standort ist meistens feucht oder frisch und ist für die Kultur der Edellaubhölzer geeignet. Es ist also zweckmäßig, in diese Buchenbestände Esche und Bergahorn, bis 60—70% (40—50% Esche, 20—30% Bergahorn), einzuführen, wo das Ziel in erster Linie die Kultur der Esche ist. Wenn wir aber anstatt der Esche doch Fichte pflanzen würden, hätten wir damit zu rechnen, daß ihr Holz im Alter von 60 bis 70 Jahren, besonders in den niedrigen Lagen, rotfaul sein wird, so daß vor diesem Alter sämtliche Fichten ausgehauen werden müßten."

v. SOó 46, 1940, S. 40.
Ungarn.

Fagetum silvaticae lunarietosum, Schluchtwald.

In einer Übersicht über die Pflanzengesellschaften Ungarns wird unter den Buchenwäldern ein *F. s. lunarietosum* erwähnt. „Lokaldominante: *Lunaria rediviva, Aconitum moldavicum, Hesperis candida*, oder Farne: *Polypodium-Phyllitis*-Typ.“
Im Noricum und im ungar. Mittelgebirge, besonders im Bükk-Gebirge.
[Verwandtschaft zum Schluchtwald?]

SCHLENKER 47, 1940, S. 68.
Blatt Bietigheim (Württ.).

Im Gebiet fehlt der Steinschluchtwald *Phyllitido-Acereto-Ulmetum* völlig. Vorhanden ist der „Buchen-Schluchtwald“ *Fagetum calcareum ulmetosum*, der zwischen jenem und dem Kalkbuchenwald steht.

BARTSCH 48, 1940, S. 27, 185—186, 195.
Schwarzwald.

Acereto-Fraxinetum. Schluchtwald, Bergahorn-Eschen-Schluchtwald.

2 fragmentarische Aufn. aus der Badener Gegend (Porphyr) bei 390 m Meereshöhe und aus dem Südschwarzwald (Urgestein) bei 800 m enthalten *Acer Pseudoplatanus, Tilia platyphyllos, Fraxinus,* z. T. auch *Ulmus montana, Fagus, Carpinus Betulus, Abies alba, Picea*, ferner *Lunaria rediviva, Polystichum lobatum* bzw. *P. setiferum* (= *Aspidium aculeatum*) u. a., außerhalb auch *Scolopendrium vulgare*.
S t a n d o r t : Im Schwarzwald seltene, schwach entwickelte Dauergesellschaft an schattigen Schluchthängen, wo auf schwer verwitterndem Gestein und bei sehr großer Steilheit die Bodenbildung gehemmt ist. Boden überdeckt und durchsetzt mit Gesteinstrümmern. Boden auch über Silikatunterlage nur wenig sauer, immer feucht, wenigstens unterirdisch durchsickert. Die Ges. kommt wohl nur über nährstoffreichem Gestein zur Ausbildung. Hohe Luftfeuchtigkeit. Auf tiefe Lagen beschränkt. Höher oben, innerhalb des hochstaudenreichen Buchen-Bergahorn-Waldes (*Acereto-Fagetum* Subass. *adenostyletosum*), können sich an schattigen Steilhängen auch Vertreter des Schluchtwaldes *Acereto-Fraxinetum* einmischen; diese Ges. kommt aber in der Höhenstufe des subalpinen *Acereto-Fagetum* nicht mehr zur vollen Ausbildung.
L i t .: Von GRADMANN frühzeitig erkannt und als „Schluchtwald“ bezeichnet. Spätere soziologisch schärfere Abgrenzung und Charakterisierung: *Acer-Pseudoplatanus*-Wald von KOCH 1926 als vielleicht nicht ganz identische Ges.; *Acereto-Fraxinetum* von TÜXEN 1931, 1937; *Phyllitido-Acereto-Ulmetum* von FABER 1936; *Scolopendrieto-Fraxinetum* von SCHWICKERATH 1938. „Die Bezeichnungen für ein und dieselbe Gesellschaft gehen leider sehr auseinander“. Bei geringerer Luftfeuchtigkeit und Beschattung treten über nährstoffreichem Gestein an schuttbedeckten Abhängen lindenreiche Waldgesellschaften auf, die Verwandtschaft zum *Acereto-Fraxinetum* zeigen, in welcher jedoch lichtliebende Arten hinzukommen, während die nitrophilen und die zartblättrigen, sehr schattenbedürftigen Arten zurücktreten. (BARTSCH 1940, S. 187—188; vgl. FABER 1936: *Acereto-Tilietum*).

KÜMMEL 49, 1940, S. 18—20, 65—67, 71—75.
Basalte des Mittelrheines, der unteren Ahr und der Hocheifel.

Der Bergahorn-reiche Eichen-Hainbuchenwald der Landskrone zeigt einen Einschlag von „Arten des Eschenschluchtwaldes": *Acer Pseudoplatanus, Fraxinus excelsior, Actaea spicata.* 260 m ü. M., Basalt, nördliche Exposition, geröllreicher, durchsickerter Hang. Einschlag von „Eschenschluchtwaldarten" in den Buchenwald an der Hohen Acht und am Aremberg bei Antweiler: *Ulmus montana, Fraxinus, Lunaria, Campanula latifolia, Actaea spicata.* Nördliche Exposition, zwischen Felsblöcken, Meereshöhe 730 m, bzw. 500 m. Einzelaufnahmen.

MOOR 50, 1940, S. 545—546.
Chasseralgebiet im Berner und Neuenburger Jura (Schweiz).

Es werden Fragmente des Schluchtwaldes erwähnt (nicht durch Aufn. belegt) aus „tiefeingesägten Schluchten des Ruisseau de Vaux und des Twannbaches".

FREI 51, 1941, S. 13.
(Mitteleuropa).

Systematische Einordnung des Schluchtwaldes: Viel engere Beziehungen zum Buchenwald als zu den Gesellschaften des *Fraxino-Carpinion.* Einordnung in die mitteleuropäischen Buchen-Biozönosen.

KÄSTNER 52, 1941, S. 166, Anm.
Westsächsisches Berg- und Hügelland.

Im Eschen-Ahorn-Schluchtwald *(Acereto-Fraxinetum)* spielen Arten der Waldsumpfgesellschaften *Caricetum remotae* (aus dem Verband der Quellflur-Gesellschaften) eine Rolle, wie *Impatiens Noli-tangere, Stachys silvaticus, Chrysosplenium alternifolium* usw.
Die Ges. wäre daher aus dem *Fraxino-Carpinion* herauszulösen und einem selbständigen Verbande (neben dem *Fagion* und *Fraxino-Carpinion)* zuzuweisen.
Nichts über Vorkommen der Ges. im Gebiet.

KLIKA 53, 1941, S. 30—31, 45.
Pürglitzer Wälder (westlich Prag)

Acer Pseudoplatanus - Fraxinus excelsior - A s s o z i a t i o n, S u b a s s. von *Lunaria rediviva, Acereto-Fraxinetum lunarietosum.*

1 Aufn.: *Acer Pseudoplatanus, Fraxinus excelsior, Ulmus montana, Tilia platyphyllos, Acer platanoides, Fagus silvatica, Carpinus Betulus, Sambucus racemosa.* Hervortretende Arten der Krautschicht: *Lunaria rediviva, Impatiens Noli-tangere, Lamium Galeobdolon* und *L. maculatum,* dazu *Geranium Robertianum, Aegopodium Podagraria, Alliaria officinalis, Mercurialis perennis* etc.
In engen, feuchten Schluchten.
Genetischer Zusammenhang mit dem *Acereto-Carpinetum* (S. 12—17).

POHL 54, 1941/1942, S. 12—13.
Ondřejnik in den mährisch-schlesischen Beskiden.

Acereto-Fraxinetum, Eschen-Ahorn-Schluchtwald.

2 Aufn. bei 800 und 850 m. *Lunaria rediviva* und *Polystichum lobatum* vorhanden, *Scolopendrium vulgare* fehlt überhaupt im engeren Gebiet. Unter den Ordn.- und Verb.-Char.-Arten sind aufgeführt: *Impatiens Noli-tangere, Stachys silvaticus, Geranium Robertianum, Lamium maculatum, Asperula odorata, Mercurialis perennis* . . . *Salvia glutinosa, Scrophularia Scopolii* . . .; unter Begleitern: *Urtica dioica, Galeopsis speciosa.* Moose fehlen.

N- bis NO-Hänge des Ondřejnik. Der gelblehmige Boden ist mit kleinen Steinen durchsetzt und mit zahlreichen Gesteinstrümmern bedeckt; ohne wesentliche Humusschicht und ohne Laubstreu.

„Der Schluchtwald ist wohl jene Laubwaldgesellschaft, welche über ganz Mitteleuropa hinweg die größte Einheitlichkeit zeigt . . . Wenn Subassoziationen oder gar eigene Assoziationen unterschieden werden, handelt es sich zumeist um das Eindringen gebietseigener Arten in die Krautschicht der Gesellschaft. Im wesentlichen aber bleibt ihre Zusammensetzung stets dieselbe. In der Baumschicht hingegen wechselt der Mengenanteil der einzelnen Laubhölzer und öfter fällt diese oder jene Holzart ganz aus. Die Artenzusammensetzung der Baumschicht steht naturgemäß in engster Beziehung zur Höhenlage und ist von dieser hervorragend abhängig" Wie auch in der Ges. der Großen Fatra (KLIKA 1936) und der Niederen Tatra (SILLINGER 1933) fehlen in der Ges. des Ondřejnik *Tilia platyphyllos* und *T. cordata* sowie *Acer platanoides* und *Ulmus montana.* Das *Aceretum Pseudoplatani praefatricum* von MIKYSKA (1939) im slowakischen Mittelgebirge ist dazu sogar eschenfrei. *Tilia cordata* und *Acer platanoides* sind dagegen im *Aceretum Pseudoplatani carpaticum* von DOSTAL (1933) im östlicheren und niedrigeren slowakischen Karst (westl. von Kaschau) bei 300—500 m vorhanden. In den Aufn. von TÜXEN in NW-Deutschland und von BARTSCH aus dem Schwarzwald sind sogar *Carpinus* und *Corylus* infolge niedriger Höhenlage vertreten. Diesen Gesellschaften schließt sich an das von KLIKA (1941) in den innerböhmischen Pürglitzer Wäldern auf N- und W-Hängen bei 250—400 m unterschiedene *Acereto-Carpinetum* mit vorherrschender Hainbuche. Tanne und Fichte gehören nicht in den Schluchtwald.

ISSLER 55, 1942, S. 50—52.
Vogesen.

„Ulmeto-Aceretum ISSLER 1924, 1925".*)

Die Aufn. vom Münstertal bei 1000 m auf Blockanhäufungen (Grauwacke) in einer feuchten Mulde an einem N-Abhang enthält: *Scolopendrium vulgare, Lunaria rediviva, Polystichum lobatum; Acer Pseudoplatanus* (vorherrschend) und *A. platanoides, Ulmus montana, Fraxinus excelsior, Tilia platyphyllos, Fagus silvatica; Sorbus aucuparia, Ribes alpinum* und *R. petraeum; Lonicera nigra;* Großfarne, subalpine Hochstauden *(Adenostyles Alliariae, Mulgedium alpinum), Impatiens Noli-tangere, Allium ursinum, Corydalis cava* und *C. solida, Mercurialis perennis, Sanicula europaea* etc. Ges. aus dichten Schatten meiden-

---

*) [Soll wohl 1925, 1926 heißen.]

den Holzarten und milden Humus liebenden, krautartigen Gewächsen, in allen Höhenlagen feuchte Mulden und Tälchen besetzend. Die normale, typische Ausbildungsform der Ges. an ihrer oberen Grenze bei 900 bis 1100 m s. obige Aufn. (übrige Ausbildungsformen nicht beschrieben). Die Ges. hat wenig gemeinsam mit dem Schluchtwald von GRADMANN und von BARTSCH, obgleich sie von entsprechenden Holzarten gebildet wird. Am nächsten verwandt ist die mit der Hochstauden-Subass. des *Acereto-Ulmetum* BEGERs 1922 [entspricht dem *Acereto-Fraxinetum cicerbitetosum*].

BÜKER 56, 1942, S. 544—546.
Sauerländisches Bergland (Süd-Westfalen).

Acereto-Fraxinetum typicum (GRADMANN) TX. 1937 und S u b a s s. von *Cicerbita alpina* (BEGER) TX. 1937. Schluchtwald.

Tab. mit 6 Aufn. Ass.-Char.-Arten: *Acer Pseudoplatanus, Ulmus montana, Lunaria rediviva, Polystichum lobatum, Tilia platyphyllos, Actaea spicata, Scolopendrium vulgare.*

S u b a s s. *typicum,* im unteren Bergland an Felsabbrüchen und steilen Taleinschnitten.

S u b a s s. von *Cicerbita alpina.* Diff.-Arten: *Dryopteris austriaca* ssp. *dilatata, Polygonatum verticillatum, Luzula nemorosa, Petasites albus, Ranunculus aconitifolius, (Mulgedium alpinum = Cicerbita alpina* fehlt). Auf diese Subass. beschränkt sind auch *Senecio Fuchsii, Circaea alpina, Sorbus aucuparia* (z. T. baumförmig). *Fraxinus* und *Carpinus* fehlen hier. Das Verhältnis *Fraxino-Carpinion*-Arten zu *Fagion*-Arten in beiden Subass. zeigt, daß die Subass. von *Cicerbita* engere Verwandtschaft zum *Fagion* besitzt als die Subass. *typicum.* Die hochmontane Subass. von *Cicerbita* ist nur am Kahlen Asten gut ausgeprägt, bei 700 m, tiefer unten nur Übergänge vorhanden.

KNAPP 57, 1942, S. 71—73.
(Mitteleuropa).

Acereto-Fraxinetum (KOCH 1926) TX. 1937.

Listen der Char.- und Diff.-Arten (zusammengestellt nach 155, n i c h t mitgeteilten Aufn.).

Char.-Arten: *Acer Pseudoplatanus, Aruncus silvester, Polystichum lobatum, Lunaria rediviva, Scolopendrium vulgare, Senecio ovirensis, Tilia platyphyllos, Ulmus montana.*

In schattigen Lagen an steilen Felswänden, besonders auf Kalk, und auf schattigen Geröllabhängen. Umso besser entwickelt, je luftfeuchter.

S y s t e m a t i s c h e E i n o r d n u n g, U n t e r g l i e d e r u n g u n d V e r b r e i t u n g : Das *Acereto-Fraxinetum* ist eine sogenannte Haupt-Assoziation des Verbandes *Asperulo-Fagion* KNAPP 1942 [der außerdem die *Fageten* und *Querceto-Carpineten* umfaßt]. Es kommt in den Nord-Pyrenäen sowie in den Gebirgen Mitteleuropas von den Vogesen und der Eifel bis zu den Westkarpathen und den dem Südostrand der Alpen vorgelagerten Gebieten vor. Es läßt sich gliedern in 7 geographische Assoziationen mit folgender Gruppierung:

Westgruppe mit *Acereto-Fraxinetum pyrenaicum*. Westlichste, isoliert stehende Ass. Diff.-Arten gegenüber den anderen Gliedern der Hauptass.: *Hypericum Androsaemum, Pulmonaria affinis, Ruscus aculeatus, Saxifraga umbrosa.*

Mittelgruppe mit dem *Acereto-Fraxinetum medio-germanicum* von der Eifel bis Wüttemberg und Harz, *Acereto-Fraxinetum praealpino-jurassicum* und *A.-F. sudeticum*. Letztere beiden im *Abieteto-Fagetum*-Gebiet in den Vogesen, im Südschwarzwald, der Schwäbischen Alb, in Oberbayern und in den Sudeten. Diff.-Arten dieser hochmontanen Grúppe: *Abies alba, Aconitum Vulparia, Ajuga reptans, Allium ursinum, Astrantia major, Cardamine pratensis, Cirsium oleraceum, Knautia silvatica, Lilium Martagon, Lonicera alpigena, Petasites albus, Picea excelsa, Prenanthes purpurea.*

Südostgruppe mit den Hochgebirgs-Assoziationen *Acereto-Fraxinetum orienti-alpinum* der Ostalpen und *A.-F. carpathicum* der Karpathen, sowie dem *A.-F. illyricum* in den Randgebieten der Ostalpen. Die ganze Gruppe ist durch folgende gemeinsame Diff.-Arten gekennzeichnet: *Aconitum moldavicum, Anemone trifolia, Arabis Turrita, Dentaria enneaphyllos, Cardamine trifolia, Cyclamen europaeum, Evonymus latifolia, Fraxinus Ornus, Geranium phaeum, Glechoma hirsuta, Helleborus niger, Isopyrum thalictroides, Knautia drymeia, Senecio ovirensis, Staphylea pinnata, Symphytum tuberosum, Vicia oroboides.*

(Diff.-Arten der e i n z e l n e n Assoziationen s. im Original). Verbreit.-Kärtchen Nr. 32.

EHWALD 58, 1942 (in TÜXEN-Rundbrief Nr. 12, Wiss. Mitt., S. 95—97).
Insel Guernsey (Kanal-Inseln).

Acereto-Fraxinetum occidenti-atlanticum KNAPP u. EHWALD 1942.

Tab. aus 3 Aufn. Char.-Arten: *Acer Pseudoplatanus, Scolopendrium vulgare*. Atlantische und westatlantische Diff.-Arten: *Ilex Aquifolium* (baumförmig), *Lonicera Periclymenum, Teucrium Scorodonia, Scilla non-scripta, Ulex europaeus, Ruscus aculeatus, Conopodium denudatum.* Ordn.-Char.-Arten: *Ulmus campestris, Brachypodium silvaticum, Arum maculatum, Geum urbanum, Fraxinus excelsior, Ranunculus Ficaria.* Unter den Begleitern: *Quercus Robur, Pteridium aquilinum, Melandryum rubrum, Holcus mollis.*

Die Aufn. stammen alle aus einem ziemlich steil eingeschnittenen Tälchen in W-Lage. Lehmiger Sand mit Gneissplittern oder humoser Feinsand. Teilweise Niederwald, sehr licht, beweidet.

MEUSEL 59, 1942, S. 317—318.
(Mitteleuropa).

„Daß der Schluchtwald . . . dem *Fagetum* nahesteht, geht ·aus den Entsprechungen im Standort und vor allem dem floristischen Gefüge des Pflanzenvereines hervor. Auch im Arealtypenspektrum bestehen keine wesentlichen Unterschiede zwischen beiden Gesellschaften. Die wichtigsten Leitpflanzen des Schluchtwaldes stimmen im Verbreitungstyp mit denen des *Fagetum* überein." Von den Char.-Arten I. Ordnung verhält sich *Scolopendrium vulgare* in Europa wie eine südeuropäisch-montan-mitteleuropäisch-subatlantische Art. *Lunaria* gehört dem südeuropäisch-montan-mitteleuropäischen Element an mit Bindung an die montan-kolline Stufe.

Es besteht kein Grund zur Abtrennung der Ges. vom *Fagetum*.

KLIKA 60, 1942, S. 12—13, 24.
Eperies-Gebirge (Ost-Slowakei, nördl. Kaschau)

*Fraxineto-Fagetum lunarietosum (Acer Pseudoplatanus-Fraxinus-Lunaria redi-
viva*-Ass.).

Tab. mit 6 Aufn.: Unter Buche und Bergahorn mit wechselnden Mengen
von Esche und Bergulme an *Eu-Fagion*-Arten: *Lunaria rediviva* (zugleich Diff.-
Art), *Asperula odorata, Mercurialis perennis, Actaea spicata, Urtica dioica,
Scrophularia Scopolii, Dentaria enneaphyllos, D. bulbifera, Geranium phaeum,
Salvia glutinosa; Fraxino-Carpinion*-Arten: *Impatiens Noli-tangere, Geranium
Robertianum, Symphytum tuberosum, Stachys silvaticus, Stellaria nemorum* u. a.;
Fagetalia-Arten: *Lamium Galeobdolon, L. maculatum, Senecio Fuchsii* u. a.

S t a n d o r t : Auf Schuttböden und Skelettböden der Kämme und an
Abhängen. „Sehr typisch entwickelt, edaphisch und mikroklimatisch bedingt,
nimmt sehr große Flächen ein." Für dieses aus Trachyt aufgebaute Mittelgebirge sind Mischwälder mit Esche und Ahorn-Arten auf Schuttböden typisch.

WITTIG 61, 1942/43, S. 2—4.
Sudeten.

Acereto-Fraxinetum, Schluchtwald.

Kurze Beschreibung ohne Bestandesaufnahmen. Im Schluchtwald sind
Bergahorn, Bergulme und Esche heimisch; auch Tanne und Fichte treten auf.
Im Frühling zunächst niedrige Krautschicht aus *Chrysosplenium alternifolium,
Circaea alpina, Lysimachia nemorum, Veronica montana, Stellaria nemorum,
Anemone nemorosa, Primula elatior* u. a. Später entwickeln sich Hochstauden
wie *Petasites albus* und *officinalis, Impatiens Noli-tangere, Chaerophyllum hirsutum, Filipendula Ulmaria, Valeriana officinalis, Crepis paludosa, Lamium
maculatum, Stachys silvaticus, Aegopodium Podagraria, Urtica dioica, Actaea
spicata, Lunaria rediviva* [einzige, aber häufig große Flächen deckende Schlucht-
waldart!], *Aruncus silvester, Athyrium Filix-femina, Dryopteris Filix-mas.* Auf
die Verwandtschaft mit Buchenwäldern weisen hin *Asperula odorata, Mercurialis perennis, Sanicula europaea, Festuca silvatica, Elymus europaeus, Pulmonaria officinalis, Lamium Galeobdolon, Ranunculus lanuginosus, Carex
silvatica, Phyteuma spicatum, Paris quadrifolia.* An Steinen und am feuchten
Boden reichlich Moose, hauptsächlich *Mnium*-Arten *(M. punctatum, undulatum,
hornum), Rhodobryum roseum* u. a.

Eine den Buchenwäldern verwandte Waldform, die enge Gründe, steile
Schluchten, auch quellige Hänge in abgeschlossenen, schattigen Lagen mit gut
durchfeuchtetem, nahrungsreichem Boden bevorzugt.

Es werden zwei Schluchtwald-Formen unterschieden:

1. U n t e r e r S u d e t e n - S c h l u c h t w a l d , mit Einmischung von *Alnus
glutinosa, Populus tremula, Quercus sessiliflora, Crataegus, Prunus Padus*
u. a. Bevorzugt tiefgründige, humose Schwemmböden. [Nach der Beschreibung ist zu vermuten, daß kein ganz typisches *Acereto-Fraxinetum* oder
eine Durchmischung mit anderen Gesellschaften vorliegt. Die „seltene
Form mit *Carex pendula* und *Equisetum maximum*" dürfte zum *Cariceto
remotae-Fraxinetum* gehören.]

2. **O b e r e r S u d e t e n - S c h l u c h t w a l d.** Baumschicht besteht nur aus *Acer Pseudoplatanus, Fagus, Ulmus montana* und *Abies alba.* Krautschicht ist gekennzeichnet durch hochmontane und subalpine Hochstauden, wie *Aconitum variegatum* und *A. Vulparia, Delphinium elatum, Ranunculus platanifolius, Campanula latifolia, Anthriscus nitida, Streptopus amplexifolius, Mulgedium alpinum, Senecio nemorensis* u. a. Standort: Steiniger, kiesiger Boden, von nahrungsreichem, kaltem Wasser durchfeuchtet. [Keine typischen Schluchtwaldarten aufgeführt, so daß nicht zu erkennen ist, ob ein *Acereto-Fraxinetum cicerbitetosum* TX. oder ein subalpiner Hochstaudenwald vorliegt.]

Heute in den Sudeten nur noch Restbestände der ursprünglichen Schluchtwälder vorhanden; die Besiedlung der Täler, Bachregulierungen, Wegebau und Verfichtung haben viele Standorte zerstört.

MEUSEL und HARTMANN 62, 1943, S. 528, 530, 532, 539.
Hainleite, Westmitteldeutsches Trias-Hügelland.

Lunaria rediviva-reicher Schluchtwald.
  Keine Aufnahmen.

Beschreibung: Der Schluchtwald bildet eine besondere Form des Buchenwaldes. Mischbestände aus Buche, Bergahorn, Berg-Ulme, Esche. In der Krautschicht Mischung von Zwiebel-, Knollen- und Rhizomgeophytenreichen Synusien des Stauden-Buchenwaldes mit Hochstauden-Vereinen und verschiedenen Farn- und Moos-Kleingesellschaften.

Standort u. Verbreitung: Auf feuchten Geröllhalden am Fuße absonniger Steilhänge. Nährstoffreichtum und Wasserzügigkeit. Vorkommen nur im westlichen niederschlagsreicheren Teil der Hainleite, auf Muschelkalk.

SCHWICKERATH 63, 1944, S. 114—119, 241, 263—266.
Südöstliches Randgebiet des Hohen Venns (Nordeifel).

Scolopendrieto-Fraxinetum, Hirschzungen-reicher Eschenwald.

Tab. mit 5 Aufn. der gut entwickelten Ges. mit *Scolopendrium* von den Hartschiefer-Schluchten des Kermeter bei der Urfttalsperre in der Nordeifel bei etwa 250 m ü. M., und 5 Aufn. der *Lunaria*-reichen Form (ohne *Scolopendrium)* auf rasch verwitterndem Devonschiefer des oberen Rurtales und seiner Nebentäler. Baumschicht aus Bergahorn, Esche (besonders in der *Lunaria*-reichen Form), Bergulme und Sommerlinde (in der Form mit *Scolopendrium* stärker vertreten). Buche und Hainbuche können nur als Eindringlinge gewertet werden.

Ass.-Char.-Arten: *Lunaria rediviva, Polystichum lobatum, Scolopendrium vulgare, Cardamine impatiens.* Weitere Arten der Krautschicht aus der Tab.: *Lamium Galeobdolon, Mercurialis perennis* (mengenmäßig hervortretend), *Arum maculatum, Asperula odorata, Milium effusum,* . . . . *Melandryum rubrum, Stachys silvaticus, Geranium Robertianum, Urtica dioica, Impatiens Noli-tangere, Alliaria officinalis,* . . . zahlreiche Moose.

Bodenprofil: Schematisches Bodenprofil der *Lunaria*-Fazies s. S. 119: AC-Profil, Übergang zwischen Hangfußboden (im Sinne von GOERZ) und Profilboden bildend. Alle Horizonte von A_1 bis A_3 mächtig entwickelt; A_1 tief humos, A_3 fast humusfrei. Boden ist stark mit Steinen durchsetzt, tief durchwurzelt, ab A_2 stark durchsickert.

V e r b r e i t u n g*): Nur im Lee des Hohen Venns. Vgl. schematische Profile der Anordnung der Gesellschaften in Haupt- und Nebentälern auf S. 143, 144. Auf Kalk und Dolomit auf der N-Seite des Venns nur noch in Fragmenten vorhanden (Klauserwald, Moresnet).

V e g e t a t i o n s e n t w i c k l u n g : In syngenetischer Hinsicht und nach dem soziologischen Aufbau und Bodenprofil ist das *Scolopendrieto-Fraxinetum* mit dem *Querceto-Carpinetum aceretosum Pseudoplatani* und dem *Fagetum ulmetosum* zur „Schluchtwaldgruppe" zusammenzufassen. Die Buche kann erst im trockeneren Oberboden der letztgenannten Ges. stärker Fuß fassen (vgl. SCHWICKERATH 1944, S. 131). Die Sukzession *Scolopendrieto-Fraxinetum* → *Querceto-Carpinetum aceretosum Pseudoplatani* → *Fagetum ulmetosum* tritt ein bei geringerer, in die Tiefe zurückweichender Durchsickerung (vgl. Aufbautafel 7).

Die „Schluchtwaldgruppe" kann zur Charakterisierung einer Teillandschaft des Untersuchungsgebietes dienen, der „Schluchtwaldlandschaft" der tief eingeschnittenen Täler der Warche um Malmedy und der Rur um Monschau (vgl. auch Vegetationskarte IV im Maßstab 1 : 25.000 und Abb. 68).

Die Wälder der Schluchtwaldgruppe in den Tälern der Rur und Warche, die sich ursprünglich häufig auf kleinem Raum ablösten, sind heute größtenteils in Fichten-Reinbestände umgewandelt. Infolge der nachschaffenden Kraft des Gehänges haben Niederwaldwirtschaft und Kahlschlag die Böden weniger geschädigt als sonst im Gebiet.

---

*) Nach briefl. Mitt. von SCHWICKERATH findet sich die Ges. nicht in der Schneifel, nur in Bruchstücken im Hunsrück (bei Büschfeld, 260 m), dagegen im Mittelrhein- und Moseltal mit Nebeltälern häufiger.

Eine Aufn. des Schluchtwaldes im Gebiet von Trier wurde von uns 1928 auf der Lehrwanderung der Staatl. Naturschutzstelle aufgenommen:

S c h l u c h t w a l d   a n   d e n   M e m m i n g e r   F e l s e n   (Muschelkalk)   o b e r h a l b   R a l i n g e n   b e i   T r i e r . 3. Juni 1928. Neigung 10—12° W, oben steilfelsig werdend. Boden blockig, mit viel Feinerde zwischen den Blöcken.

I: *Acer Pseudoplat., Tilia platyphyllos, Fagus silvatica, Fraxinus excelsior, Ulmus montana, Prunus avium, Sorbus Aria, Corylus Avellana.*

II: *Ribes alpinum, R. Grossularia, Sambucus racemosa.*

III: *Scolopendrium, Polystichum lobatum, Lamium Galeobdolon, Asperula odorata, Dryopteris Filix-mas, Cystopteris Filix-fragilis, Epilobium montanum, Moehringia trinervia, Oxalis Acetosella, Impatiens Noli-tangere, Urtica dioica, Galium Aparine, Epilobium angustifolium, Geranium Robertianum.*

IV: *Ctenidium molluscum, Thamnium alopecurum* (auf den Blöcken).

KNAPP 64, 1944, S. 52—74   [= 1444 a]

Alpenostrand-Gebiete.

Acereto-Fraxinetum (Hauptassoziation) in den geographischen Assoziationen und standörtlichen Subassoziationen: *oetscherense chrysosplenietosum, lunzense majanthemetosum* und *chrysosplenietosum, raxense chrysosplenietosum, boreonoricum typicum, altovindobonense corydaletosum, medio-stiriacum asplenietosum* und *chrysosplenietosum, sub-carinthiacum asplenietosum, majanthemetosum* und *chrysosplenietosum.* Eschen-Ahorn-Schluchtwälder.

Mitteilung von jeweils einer bis mehreren Aufnahmen. Char.-Arten der Hauptass. wie 1942. Aussonderung der Diff.-Arten der Assoziationen und Subassoziationen.

Zugehörigkeit zur südosteuropäischen Assoziationsgruppe; folgende Diff.-Arten dieser Gruppe vorhanden: *Cardamine trifolia, Dentaria enneaphyllos, Helleborus niger, Symphytum tuberosum, Evonymus latifolia, Cyclamen europaeum, Staphylea pinnata, Senecio ovirensis, Vicia oroboides, Knautia drymeia, Fraxinus Ornus, Geranium phaeum.*

Die geographischen Assoziationen *oetscherense, lunzense* und *raxense* besitzen einige Diff.-Arten der subalpinen Assoziationsgruppe, nämlich *Cardamine trifolia, Circaea alpina, Thalictrum.aquilegifolium, Ranunculus platanifolius, Polygonatum verticillatum, Lonicera alpigena, Milium effusum, Saxifraga rotundifolia, Aconitum variegatum, Chaerophyllum hirsutum* ssp. *Cicutaria, Digitalis grandiflora* sowie Diff.-Arten der Ostalpengruppe, nämlich *Soldanella montana, Saxifraga rotundifolia, Knautia silvatica.* Sie unterscheiden sich voneinander folgendermaßen: das *Acereto-Fraxinetum lunzense* durch die Diff.-Arten *Tilia platyphyllos, Asarum europaeum, Corylus Avellana, Carex alba, Cardaminopsis arenosa,* das *Acereto-Fraxinetum raxense* durch die Diff.-Arten *Myosotis silvatica, Symphytum tuberosum, Bromus asper* ssp. *Benekeni, Arabis Turrita.*

Die geographischen Assoziationen *boreo-noricum, alto-vindobonense, medio-stiriacum* und *sub-carinthiacum* enthalten Diff.-Arten der Assoziationsgruppe der niederen Bergländer, nämlich *Carpinus Betulus, Prunus avium, Viola silvestris, Circaea lutetiana, Lathyrus vernus, Evonymus latifolia, Allium ursinum, Corydalis cava, Vinca minor, Arum maculatum, Alliaria officinalis, Chelidonium majus, Senecio ovirensis, Veronica latifolia, Pulmonaria officinalis, Evonymus europaea, Hedera Helix, Clematis Vitalba, Primula vulgaris, Cornus sanguinea* sowie Diff.-Arten der montanen Assoziationsgruppe, nämlich *Abies alba, Cyclamen europaeum, Oxalis Acetosella, Senecio Fuchsii, Lunaria rediviva, Aruncus silvester, Senecio ovirensis, Prenanthes purpurea, Knautia drymeia, Gentiana asclepiadea.* Das *Acereto-Fraxinetum medio-stiriacum* ist ausgezeichnet durch die Diff.-Arten *Senecio ovirensis, Festuca gigantea, Vicia oroboides, Ranunculus lanuginosus, Adoxa Moschatellina, Moehringia trinervia, Ribes Grossularia, Knautia drymeia, Selaginella helvetica,* das *Acereto-Fraxinetum sub-carinthiacum* durch *Fraxinus Ornus, Anemone trifolia.* Das *Acereto-Fraxinetum boreonoricum* unterscheidet sich durch Diff.-Arten der nördlicheren Assoziationsgruppe, nämlich *Primula elatior* und *Taxus baccata.*

Als Diff.-Arten der Subassoziationen werden gewertet: Diff.-Arten der Subass. *chrysosplenietosum: Melandryum rubrum, Geum rivale, Lysimachia, nemorum, Chrysosplenium alternifolium, Prunus Padus, Festuca gigantea, Geranium phaeum.* Diff.-Arten der Subass. *corydaletosum: Allium ursinum, Corydalis cava.* Diff.-Arten der Subass. *asplenietosum: Asplenium Trichomanes, Senecio ovirensis, Viburnum Lantana, Fegatella conica, Cardaminopsis arenosa, Valeriana tripteris, Cystopteris fragilis, Cirsium Erisithales, Asplenium viride.* Diff.-Arten der Subass. *majanthemetosum: Majanthemum bifolium, Dryopteris Phegopteris, D. Linaeana, Luzula pilosa, Lophocolea bidentata.*

S t a n d o r t : meist auf Kalkblockhalden mit sehr gut zersetztem, krümeligem Humus oder sehr humosem, gekrümeltem (fettem) Lehm zwischen den Blöcken bzw. entsprechende Felsspalten. Einige Aufn. auch auf schotterhaltigem humosem Lehm oder flachgründigem humosem Lehm auf Kalkfels. Nur für wenige Aufn. wird Schluchtlage angegeben. Expositionen nordwestlich bis südöstlich (o. östlich). Aufnahmeflächen der geographischen Ass. *oetscherense, lunzense, raxense* fast alle zwischen 800 und 1100 m gelegen, die übrigen unter 500 m.

KNAPP 65, 1944, S. 1, 8 [= 1944 b].

Einführung des Begriffes Hauptsubassoziation (= Gesamtheit der sich entsprechenden Subassoziationen aller geographischen Assoziationen einer Hauptassoziation).

Unterscheidung folgender Hauptsubassoziationen des *Acereto-Fraxinetum:*

H.-Subass. von *Asplenium,* auf sehr flachgründigen, trockeneren Kalkstandorten, mit *Asplenium Trichomanes, Fraxinus Ornus, Sesleria coerulea varia (= calcarea), Viburnum Lantana* als Diff.-Arten.

H.-Subass. von *Majanthemum bifolium,* auf kalk- und nährstoffärmeren Standorten, mit *Dryopteris Phegopteris, D. Linnaeana, Lophocolea bidentata, Luzula pilosa, Majanthemum bifolium* als Diff.-Arten.

Typische H.-Subass.:

H.-Subass. von *Corydalis cava,* auf sehr nährstoffreichen Stellen, mit *Allium ursinum, Corydalis cava* als Diff.-Arten.

H.-Subass. von *Chrysosplenium alternifolium,* auf frischen bis leicht feuchten Böden, mit *Festuca gigantea, Geum rivale, Lysimachia nemorum, Melandryum rubrum, Prunus Padus, Stellaria nemorum, Chrysosplenium alternifolium* als Diff.-Arten.

KNAPP 66, 1944, S. 8—11 [= 1944 c].
Unterharz.

Acereto-Fraxinetum in der geographischen Ass. *sub-hercynicum.*

Mitteilung von 7 Aufn. der Subass. *typicum* und 1 Aufn. der Subass. *chrysosplenietosum.* An Char.-Arten vorhanden: *Acer Pseudoplatanus, Tilia platyphyllos, Ulmus montana, Polystichum lobatum, Lunaria.* Diff.-Arten des *Acereto-Fraxinetum subhercynicum: Polystichum lobatum, Lunaria rediviva, Dryopteris Filix-mas, Melica uniflora, Asperula odorata, Agropyrum caninum, Impatiens Noli-tangere, Myosotis silvatica, Sambucus racemosa, Oxalis Acetosella.*

Stellaria holostea-Variante der Subass. *typicum* mit *Stellaria Holostea, Galeopsis Tetrahit, Ribes Grossularia, Festuca silvatica, Catharinaea undulata, Campanula Trachelium, Crataegus Oxyacantha.*

An Diff.-Arten der Subass. *chrysosplenietosum* vorhanden: *Prunus Padus, Chrysosplenium alternifolium, Stellaria nemorum.*

Auf Silikatgesteinsböden.

KNAPP 67, 1944, S. 16—17, 21, 50—56 [= 1944 d].

Acereto-Fraxinetum, Eschen-Ahorn-Schluchtwald.

Diese Hauptassoziation bildet meist Laubmischwälder auf steilen, schattigen, stark luftfeuchten Berghängen, auf Fels und Blockhalden. Bevorzugt Kalk. Baumschicht meist artenreich. Wüchsigkeit der Bäume meist gut bis ausgezeichnet, nur auf flachgründigen Felsstandorten mitunter schlechter. Wichtigste Holzarten: Bergahorn, Esche, Sommerlinde, Spitzahorn; randlich eindringende Buche. Gelegentlich wächst hier auch die Eibe. Strauchschicht reicher entwickelt als beim Buchenwald. Krautschicht farn-. oft auch hochstaudenreich. Auf Steinen und Holz mächtige Moosdecken. Die Hauptass. dürfte fast überall in den Gebieten wachsen, wo der Buchenwald vorkommt, mit dessen Ansprüchen an Allgemeinklima und Gestein sie größte Ähnlichkeit besitzt. Bis jetzt ist der Eschen-Ahorn-Schluchtwald allerdings noch nicht aus allen Gegenden des Verbreitungsgebietes des Buchenwaldes *(Fagetum)* bekannt. — Tab. auf S. 21, Spalte 5, zeigt die wichtigsten Diff.-Arten der südosteuropäischen Gruppe der geographischen Assoziationen: *Aposeris foetida, Cardamine trifolia, Cyclamen europaeum, Fraxinus Ornus, Glechoma hirsuta, Knautia drymeia, Staphylea pinnata, Symphytum tuberosum.*

Die Übersichtstabelle der *Querceto-Fagetea* auf S. 50—56 zeigt in Spalte 6 die Zusammensetzung des *Acereto-Fraxinetum* nach 155 Aufn. mit Aufgliederung der Arten in Char.-Arten der Hauptassoziation, des Verbandes, der Ordnung und der Klasse und mit Angabe der Stetigkeit (bezogen auf die 155 Aufn.). Char.-Arten der Hauptass. mit Stetigkeit: *Acer Pseudoplatanus* 91, *Lunaria rediviva* 63, *Ulmus montana* 63, *Tilia platyphyllos* 41, *Scolopendrium vulgare* 32, *Polystichum lobatum* 30, *Senecio ovirensis* 4. An übergreifenden Char.-Arten des *Fagetum: Fagus silvatica* in 95 Aufn., alle übrigen mit sehr geringer Stetigkeit. Char.-Arten des übergeordneten Verbandes *Asperulo-Fagion: Mercurialis perennis* 82, *Dryopteris Filix-mas* 70, *Actaea spicata* 62, *Asperula odorata* 55, *Mycelis muralis* 42, *Galium silvaticum* 30, alle sonstigen mit noch geringerer Stetigkeit. Char.-Arten der Ordnung *Fagetalia: Lamium Galeobdolon* 78, *Geranium Robertianum* 75, *Fraxinus excelsior* 70, *Impatiens Noli-tangere* 57, *Epilobium montanum* 46, *Asarum europaeum* 38, *Arum maculatum* 34, *Pulmonaria officinalis* 32, *Paris quadrifolia* 30, alle übrigen mit geringerer Stetigkeit. Übergreifende Char.-Arten der Ordnung *Quercetalia pubescentis-sessiliflorae* fehlen fast ganz. Char.-Arten der übergeordneten Klasse *Querceto-Fagetea: Corylus Avellana* 37, *Lonicera Xylosteum* 42, *Poa nemoralis* 32, die übrigen mit sehr geringer Stetigkeit.

v. SOó, 68, 1944, S. 20—27, 55 u. 58.
Széklerland (Ost-Siebenbürgen).

Fagetum silvaticae siculum Subass. *lunarietosum.*

Tab. I, mit 7 Aufn. Nr. 8—14 von „Schluchtwaldtypen auf Kalkstein" aus den siebenbürgischen Ostkarpathen aus 760—1120 m Höhe. Aufn. Nr. 14 aus 760 m Höhe zeigt folgende Zusammensetzung: *Fagus silvatica* (vorherrschend), *Acer Pseudoplatanus, Picea excelsa, Ribes Grossularia, Lunaria rediviva, Polystichum lobatum, Scolopendrium vulgare, Cystopteris Filix-fragilis, Polystichum Braunii, P. Lonchitis, Asplenium viride, Polypodium vulgare, Dryopteris Robertiana, D. Linnaeana, Athyrium Filix-femina, Actaea spicata, Mercurialis perennis, Circaea alpina, Myosotis silvatica, Paris quadrifolia, Lilium Martagon, Polygonatum verticillatum, Geranium Robertianum, Oxalis Acetosella, Chrysosplenium alternifolium, Veronica latifolia* und wenige andere. Dazu an südosteuropäischen oder endemischen Arten: *Dentaria glandulosa, Symphytum cordatum, Primula leucophylla, Anemone transsilvanica, Valeriana simplicifolia, Pulmonaria rubra, Chrysanthemum rotundifolium.*

[Dieser Buchenwaldtyp wird durch die Namengebung *Fagetum silvaticae lunarietosum* in Beziehung gesetzt zum mitteleuropäischen Schluchtwald, der anscheinend im Gebiete nicht mehr vorkommt.]

KNAPP 69, 1944, S. 13—15 [= 1944 e].
Gebiet der mittleren Saale und des Kyffhäusers.

Acereto-Fraxinetum alto-germanicum typicum.

Tab. aus 5 Aufn., aus 160—250 m Meereshöhe. Char.-Arten: *Acer Pseudo-platanus, Tilia platyphyllos, Ulmus montana.* Verb.-Char.-Arten: *Actaea spicata, Mercurialis perennis, Mycelis muralis, Carex digitata, Galium silvaticum, Fagus silvatica.* Ordn.-Char.-Arten: *Ribes Grossularia, Alliaria officinalis, Geranium Robertianum, Acer platanoides, Fraxinus excelsior, Asarum europaeum, Chaerophyllum temulum, Stachys silvaticus, Viburnum Opulus, Lamium Galeobdolon, Polygonatum multiflorum, Arum maculatum, Scrophularia nodosa, Evonymus europaea, Brachypodium silvaticum, Geum urbanum, Aegopodium Podagraria, Moehringia trinervia, Anemone nemorosa.* Klassen-Char.-Arten: *Corylus, Lonicera Xylosteum, Acer campestre, Hedera Helix, Convallaria majalis, Poa nemoralis, Anemone Hepatica, Crataegus Oxyacantha, Viburnum Lantana, Sorbus torminalis, Campanula Trachelium, Melica nutans, Epipactis latifolia, Viola silvestris, Cornus sanguinea, Ligustrum vulgare, Clematis Vitalba.* Begleiter: *Eurhynchium* spec., *Viola odorata, Campanula rapunculoides, Sambucus nigra, Primula officinalis, Taraxacum officinale, Chelidonium majus, Carduus crispus, Rubus idaeus, Fissidens* spec., *Lapsana communis, Heracleum Sphondylium, Anthericum ramosum, Fragaria vesca, Impatiens parviflora, Urtica dioica, Rubus fruticosus,* spec. soll.

Diff.-Arten des *A.-F. alto-germanicum* sind: *Carex digitata, Hedera Helix, Convallaria, Viburnum Lantana, Viola odorata, Primula officinalis.*

Standort der Aufn.: Steilhänge (bis 30⁰ geneigt), Expositionen W bis NW. 4 Aufn. auf tiefbraunschwarzer, stark humoser Rendzina (skelettreich) über Muschelkalk (bzw. Wellenkalk), 1 Aufn. auf Gipsstaub-Boden mit dünner Humusauflage.

[In diesem Trockengebiet offenbar Verarmung des Schluchtwaldes, der im niederschlagsreicheren Teil der Hainleite (nach MEUSEL und HARTMANN 1943) besser ausgebildet ist.]

KNAPP 70, 1944, S. 20—21 [= 1944 f].
Timok-Gebiet, Serbien.

Acereto-Fraxinetum timokense viburnetosum, Eschen-Ahorn-Schluchtwald des Timok-Gebietes.

1 Aufn. In I: *Acer Pseudoplatanus* (vorherrschend), *Tilia platyphyllos, Fraxinus excelsior, Acer platanoides, Corylus Avellana.* In II: *Cornus sanguinea, Corylus, Sambucus nigra, Clematis Vitalba, Fraxinus Ornus, Evonymus europaea, Viburnum Lantana, Acer campestre.* In der Krautschicht III an Verb.-Char.-Arten: *Isopyrum thalictroides, Asperula taurina;* an Ordn.-Char.-Arten: *Alliaria officinalis, Rubus caesius, Humulus Lupulus, Lamium maculatum, Arum maculatum, Dactylis glomerata var. pendula, Agropyrum caninum, Moehringia trinervia, Scutellaria altissima, Evonymus europaea, Geranium Robertianum, Lamium Galeobdolon, Acer platanoides;* an Klassen-Char.-Arten: *Cornus sanguinea, Prunus spinosa, Rhamnus cathartica, Clematis Vitalba, Acer campestre, Poa nemoralis;* an Begleitern: *Urtica dioica, Silene inflata, Galium· Aparine, Aristolochia Clematitis, Chelidonium majus, Viola odorata.* Diff.-Arten der Subass. *viburnetosum* sind: *Viburnum Lantana* und *Fraxinus Ornus.*

S t a n d o r t : Die Ges. löst das *Ostryeto-Fraxinetum Orni* auf den steilsten Nordhängen vor allem am Grunde der Schluchten ab (vgl. das Vegetationsprofil durch eine Kalkschlucht S. 21). Die Aufn. stammt aus einer Schlucht im Rgotski Krs bei Rgotina, in 180 m Meereshöhe, unterer Teil einer Kalkschutthalde dicht über dem Grunde der Schlucht. Bodenart: äußerst humoser, fast ungekrümelter, lockerer Lehm mit 93% Skelett. Beweidungsspuren. Bäume bis 15 m hoch, meist Stockausschlag.

[Standort, Holzarten und nitrophile Begleiter weisen auf den Schluchtwald hin, obgleich die Char.-Arten *Lunaria, Scolopendrium* und *Polystichum lobatum* fehlen.]

2. MIT DEM SCHLUCHTWALD I. E. S. NICHT IDENTISCHE WALD-GESELLSCHAFTEN
(Auszüge Nr. 71—76.)

KELHOFER 71, 1915, S. 49—52.
Kanton Schaffhausen (Schweiz).

„F o r m a t i o n   d e s   S c h l u c h t w a l d e s".

Als Beispiel 1 Aufn. des Randen-Schluchtwaldes bei Siblingen auf Jurakalk, mit Mengenangaben nach DRUDE (soc., greg., cop., sp., sol.). Im Oberholz solcher Schluchtwälder herrschen Esche und Bergahorn vor, Buche fehlt fast ganz, Ulmen und Linden treten zurück. Im Muschelkalkgebiet kommen Schwarzerlen und anderwärts Weißerlen (*Alnus incana*) hinzu. Die Krautschicht weist große Bestände von *Stachys silvaticus* auf, Trupps von hohen Farnen, *Impatiens Noli-tangere, Circaea lutetiana, Aruncus silvester, Allium ursinum, Mercurialis perennis, Chrysosplenium alternifolium.* Neben diesen Buchenwald-arten als Besonderheiten: Massen von *Cirsium oleraceum, Mentha longifolia, Urtica dioica, Aegopodium Podagraria, Alliaria officinalis.* Vereinzelt *Actaea spicata, Prenanthes purpurea, Aconitum Vulparia, Festuca gigantea.* [Es fehlen demnach *Scolopendrium, Polystichum lobatum, Lunaria rediviva.*]

S t a n d o r t : Auf der Talsohle enger schluchartiger Randen-Täler, wo ein oberirdischer oder ein Grundwasserlauf für Feuchigkeit sorgt. Infolge der Durchlässigkeit der Jurakalke selten und nirgends ausgedehnt. Seitlich am Hang ansteigend geht die Ges. in den Buchenwald über, als dessen Nebentypus sie gelten kann.

Bezüglich des Namens „Schluchtwald" wird auf GRADMANN (1900, S. 39) verwiesen. [Mit dem späteren Schluchtwald i. e. S. hat die Ges. nur wenige Berührungspunkte. Noch mehr weicht ab der sogenannte „Rheinschluchtwald" (KELHOFER 1915, S. 52—54) mit viel Esche, Erle, Weiden, und Hinzutreten von *Equisetum maximum, Eupatorium ·cannabinum, Lythrum Salicaria, Filipendula Ulmaria,* selbst *Molinia* und *Phragmites* zu den oben genannten Arten.]

BEGER 72, 1922, S. 68—73.
Schanfigg (Graubünden).

Acereto-Ulmetum.

Tab. mit 6 Aufn. aus dem Gebiet aus 900—1300 m Meereshöhe und 3 Vergleichsaufnahmen von KELHOFER (1915) aus dem Kt. Schaffhausen, BOLLETER (1920) aus dem benachbarten Weißtannental, und GRADMANN

56

(1900) aus der Schwäbischen Alb. Char.-Arten: *Acer Pseudoplatanus, Ulmus montana, Tilia platyphyllos, Aruncus silvester, Aconitum Vulparia, Ribes alpinum, Lilium Martagon, Actaea spicata*. *Fagetum*-Arten: *Elymus europaeus, Mercurialis perennis, Asperula odorata* u. a. *Alnetum* [*incanae*]-Arten: *Alnus incana, Stachys silvaticus, Galium Mollugo* ssp. *dumetorum, Aegopodium Podagraria, Frangula Alnus, Fraxinus excelsior, Brachypodium silvaticum*. Ferner: *Sambucus nigra, Cirsium oleraceum, Angelica silvestris, Humulus Lupulus, Prunus Padus* . . . *Polygonatum verticillatum, Streptopus amplexifolius, Astrantia major, Chaerophyllum hirsutum, Rosa pendulina, Prenanthes purpurea* u. a.

S t a n d o r t : Flache, wasserdurchzogene Talmulden oder feuchtschattige, steile Hänge. Ausschlaggebend sind weniger Luftfeuchtigkeit und Nebelreichtum als dauernde Bodenfeuchtigkeit. Im Vergleich zum Buchenwald geringere Lichtabdämmung. Ökologische und floristische Verwandtschaft zum *Alnetum* [*incanae*], „Bindeglied zwischen dem *Fagetum* und dem *Alnetum*".

L i t.: Ähnliche Ges. bei KELHOFER 1915, die jener nach dem Vorgehen von GRADMANN als Schluchtwald bezeichnete, und bei BOLLETER 1920 (*Fagus silvatica* - *Acer Pseudoplatanus* - Wald). Die Ass. entspricht dem Schluchtwald und dem Bergwald GRADMANNS zusammengefaßt.

H o c h s t a u d e n - S u b a s s.: Nach Abtrieb des *Acereto-Ulmetum* finden Hochstauden reiche Entwicklung. 1 Aufn. von 1240 m mit *Aruncus silvester, Actaea spicata, Aconitum Vulparia, Senecio nemorensis* ssp. *alpestris, Chaerophyllum hirsutum* ssp. *Villarsii, Prenanthes purpurea, Rumex arifolius, Polygonatum verticillatum, Asperula odorata, Lamium Galeobdolon* u. a. Verjüngung der Holzarten unter den Hochstauden erschwert.

Infolge der Lage der Waldges. an der Grenze des Fichtenwaldes Durchdringungen zwischen der dem Laubwald eigenen Form mit dem *Cicerbitetum alpinae* der Fichtenwaldstufe.

WINTELER 73, 1927, S. 50—79.

Sernftal (Kt. Glarus, Schweiz).

Aceretum Pseudoplatani.

Tab. mit 16 Aufn. aus 800—1200 m ü. M. Bergahorn weitaus vorherrschend, daneben Esche, *Ulmus montana, Tilia platyphyllos, Acer platanoides, Alnus incana* (in der Strauchschicht eine größere Rolle spielend). In der Tab. Unterscheidung von Char.-Arten des *Aceretum Pseudoplatani* (*Allium ursinum, Asperula taurina, Aruncus silvester, Aconitum Vulparia, Cardamine impatiens, Circaea lutetiana, Impatiens Noli-tangere, Actaea spicata* etc.), Char.-Arten des *Fagetum* sowie des *Alnetum incanae* (*Alnus incana, Aegopodium Podagraria, Galium Mollugo, Rubus caesius* etc.). Die Krautschicht ist hochstaudenreich. [Schluchtwaldarten wie *Scolopendrium, Polystichum lobatum, Lunaria rediviva* sind nicht vorhanden!]

S y s t e m a t i s c h e S t e l l u n g : Die Ges. muß zum *Fagion* gerechnet werden, welches das *Fagetum* und die Ges. umfaßt. Ökologisch, floristisch und nach dem biologischen Spektrum nimmt die Ges. eine „Zwischenstellung zwischen dem *Fagetum* und *Alnetum incanae*", und zwar dessen Subass. *aceretosum*, ein.

U n t e r a s s o z i a t i o n e n : Subass. *alnetosum incanae* als Initialstadium; Subass. *calamagrostidetosum variae*, edaphisch bedingt, um Quellfluren; Subass. *fraxinetosum montanum*.

Vergleich   ähnlicher   Gesellschaften: Zum   *Aceretum Pseudoplatani typicum* rechnen die Ges. des Sernftales und der *Fagus silvatica-Acer Pseudoplatanus*-Mischwald aus dem Weißtannental (BOLLETER 1920).

Aceretum Pseudoplatani suevicum = GRADMANNS Schluchtwald der Schwäbischen Alb (1900).

Aceretum Ps. ulmetosum scabrae = *Ulmeto-Aceretum* von BEGER (1922) aus dem Schanfigg [im Original: „*Acereto-Ulmetum*".]

Aceretum Ps. vogesiacum = *Ulmeto-Aceretum* von ISSLER (1925) aus den Vogesen.

Das *Fraxinetum aceretosum* kann als vikariierende Ges. im Schweizerischen Mittelland und dem Schaffhauser Jura aufgefaßt werden. Hierher gehört der Schluchtwald von KELHOFER (1915).

Der *Acer Pseudoplatanus-Fraxinus*-Wald von W. KOCH (1926) ist ein Übergang zwischen beiden Gesellschaften.

LIBBERT 74, 1930, S. 57—60.

Fallstein (nördliches Harzvorland)

„Ass. von *Fraxinus excelsior* und *Acer Pseudoplatanus*".

Tab. mit 3 Aufn. Enthält zahlreiche anspruchsvolle Buchenwaldarten und Feuchtigkeitszeiger, [aber keine bezeichnenden Schluchtwaldarten].

S t a n d o r t : In Bachschluchten auf der schwach geneigten Talsohle.

L i t .: Nach TÜXEN 1928 in Südhannover, nach KOCH 1926 in Süddeutschland und dem Schweizer Mittelland mit Beziehungen zum *Ulmeto-Aceretum**) BEGER 1922 und ISSLER 1925. Im Gegensatz zu jenen Wäldern an Steilhängen aber auf ebenem bis schwach geneigtem Boden stehend.

---

*) [Richtig: *Acereto-Ulmetum*!]

OBERDORFER 75, 1936, S. 75—77.

Süd-Schwarzwald.

1 Aufn. eines Bergahorn-Eschenwaldes bei Albersbach, 950 m ü. M., als Beispiel für die an subalpinen Hochstauden reichen Wälder des Hoch-Schwarzwaldes, nicht als Beispiel des Schluchtwaldes. [Von BUCK-FEUCHT 1937 aber beim *Acereto-Fraxinetum cicerbitetosum alpinae* zitiert.]

OBERDORFER 76, 1938, S. 241, ferner S. 177—180.

Blatt Bühlertal-Herrenwies (Nord-Schwarzwald).

Acereto-Fraxinetum Subass. von *Mulgedium alpinum* TÜXEN, subalpiner hochstaudenreicher Schluchtwald.

Im Gebiet vorhanden, aber nicht belegt, da durch Kahlschlag in sekundäre Hochstaudenflur (*Adenostyletum*) umgewandelt. [Die eine Aufn. der betr. „Kahlschlagflur im Bereich eines· *Acereto-Fraxinetum* Subass. von *Mulgedium alpinum*" bei Breitenbrunnen, 890 m ü. M. (auf Tab. S. 177 ff., Nr. 6), enthält keine Arten, die auf das *Acereto-Fraxinetum* hinweisen. Als „Schluchtwald" wird auf S. 241 auch das *Cariceto remotae-Fraxinetum* bezeichnet.]

C. Literatur-Verzeichnis.

Nummer
der
Auszüge:

BARTSCH, J.: Die Pflanzenwelt im Hegau und nordwestlichen Bodensee-Gebiete. — Schrift. Ver. f. Geschichte d. Bodensees u. s. Umgebung, Überlingen, 1925, Beih. 1, 1—194.

— Über die Nomenklatur unserer Pflanzen und Pflanzengesellschaften. — Der Biologe, 13, 1—14; 39—50, München 1944.

48 BARTSCH, J. u. M.: Vegetationskunde des Schwarzwaldes. — Pflanzensoziologie, 4, Jena 1940.

72 BEGER, H.: Assoziationsstudien in der Waldstufe des Schanfiggs. — Diss. Univ. Zürich. Beil. z. Jahresber. Naturf. Ges. Graubündens, 1921/22, 61, 1—147. Chur 1922.

BRAUN-BLANQUET, J.: Prodrome des groupements végétaux. Prodromus der Pflanzengesellschaften. Fasc. 1. — Montpellier 1933.

28 BUCK-FEUCHT, G.: Die Waldgesellschaften in Württemberg. Überblick über den Stand ihrer Kenntnis im Winter 1937/38. — Jahresh. Ver. vaterländ. Naturk. in Württ., 93, 35—50. Stuttgart 1937.

56 BÜKER, R.: Beiträge zur Vegetationskunde des südwestfälischen Berglandes. — Beih. Bot. Cbl., Abt. B, 61, 452—558. Dresden 1942.

CHRIST, H.: Das Pflanzenleben der Schweiz. — Zürich 1879.

DEPPE, H.: Über die Vegetationsverhältnisse der Göttinger Muschelkalkhochebene (Göttinger Wald). — Mitt. flor.-soz. Arbeitsgem. in Niedersachsen, H. 1, 20—24. Hannover 1928.

DIELS, L.: Beiträge zur Kenntnis des mesophilen Sommerwaldes in Mitteleuropa. — Veröff. Geobot. Inst. Rübel in Zürich, H. 3 (Festschrift CARL SCHRÖTER), 364—386. Zürich 1925.

34 DIEMONT, W. H.: Zur Soziologie und Synökologie der Buchen- und Buchenmischwälder der nordwestdeutschen Mittelgebirge. — Mitt. flor.-soz. Arbeitsgem. Niedersachsen, H. 4, 1—182. Hannover 1938.

DOMIN, K.: Československé bučiny. Studie geobotanická. Tschechoslowakische Buchenwälder. (Tschech. mit dtsch. Zusfassg.) — Sborn. vyzk. ústavu zemed. Č. S. R. (Ann. d. Landwirtschaftl. Versuchsanstalten), 70, 1—87. Prag 1931.

10 — The beech forests of Czechoslovakia. (Engl.) In: RÜBEL, E.: Die Buchenwälder Europas. — Veröff. Geobot. Inst. Rübel in Zürich, H. 8, 63—167. Bern u. Berlin 1932.

15 DOSTAL, J.: Geobotanický přehled vegetace Slovenskeho krasu. The geobotanical survey of the vegetation in the territory Slovensky Kras. (Tschech. m. engl. Zusammenfassung.) — Vestn. Král. česk. spol. nauk, Tř. II, Ročn. 1933, 4, 1—44. Prag 1933.

58 EHWALD, E.: In: TÜXEN, Rundbrief d. Zentralstelle f. Vegetationskartierung des Reiches 1942, Nr. 12, Wiss. Mitt., S. 95—97.

12 FABER, A.: Pflanzensoziologische Untersuchungen in Süddeutschland. Über Waldgesellschaften in Württemberg. — Bibl. Bot., H. 108, 1—68, Stuttgart 1933.

19 — Über Waldgesellschaften auf Kalksteinböden und ihre Entwicklung im Schwäbisch-Fränkischen Stufenland und auf der Alb. — Anhang z. Versammlg.-Ber. 1936 d. Landesgr. Württ. d. Dtsch. Forstvereines, S. 1—53. Tübingen 1936.

25 — Erläuterungen zum pflanzensoziologischen Kartenblatt des mittleren Neckar- und des Ammertalgebietes. — Tübingen 1937.

24 FEUCHT, O.: Zur Frage der natürlichen Waldgesellschaften (Assoziationen) Südwestdeutschlands. (Vorläufige Zusammenfassung des neueren Schrifttums.) — Forstl. Wochenschr. Silva, 25, 32—35. Berlin 1937.

51 FREI, N.: Der Anteil der einzelnen Tier- und Pflanzengruppen am Aufbau der Buchenbiocoenosen in Mitteleuropa. — Ber. üb. d. Geobot. Forschungsinst. Rübel in Zürich f. d. J. 1940, S. 11—25. Zürich 1941.

1, 20 GRADMANN, R.: Das Pflanzenleben der Schwäbischen Alb mit Berücksichtigung der angrenzenden Gebiete Süddeutschlands. — Tübingen 1898, 2. Aufl. Tübingen 1900, 3. Aufl. Stuttgart 1936.

Nummer
der
Auszüge:

HANSTEIN, H.: Verbreitung und Wachstum der Pflanzen in ihrem Verhältnis zum
Boden auf Grundlage einer Betrachtung der Vegetation zwischen Rhein, Main
und Neckar. — Darmstadt 1859.

HILITZER, A.: Studie o bučinách v okolí Kdyne. Etude sur les hêtraies des environs
de Kdyne. (Tschech. m. franz. Zusfassg.) — Vestn. Král. česk. spol. nauk, Tř. II.
1926, Čis. 14, 1—55. Prag 1927.

38 HORVAT, I., Biljnosociolska istraziva-nja šuma u Hrvatskoj. Pflanzensoziologische
Walduntersuchungen in Kroatien. (Kroat. m. dtsch. Zusfassg.) — Ann. pro experimentis foresticis 6, 127—279. Zagreb 1938.

HUECK, K.: Pflanzengeographische Anschauungstafeln. — Feddes Repert., Beih. 97,
H. 1—4. Berlin-Dahlem 1937—1940.

4 IMCHENETZKY, A.: Les associations végétales de la vallée supérieure de la Loue. —
Thèse Fac. Sc. Besançon. 1926.

2 ISSLER, E.: Les associations végétales des Vosges méridionales et de la plaine rhénane
avoisinante. I. Les Forêts. B. Les associations d'arbres résineux et les hêtraies des
sommets. — Bull. Soc. d'Hist. nat. de Colmar, 1924, 18, 68—142. Colmar 1925.
C. Documents sociologiques. — Ebenda, 1925, 19, 143—253. Colmar 1926.

9 — Les associations silvatiques hautrhinoises. — Bull. Soc. Bot. de France, 78, 62—142.
Paris 1931.

55 — Vegetationskunde der Vogesen. — Pflanzensoziologie, 5., Jena 1942.

52 KÄSTNER, M.: Über einige Waldsumpfgesellschaften, ihre Herauslösung aus den
Waldgesellschaften und ihre Neueinordnung. — Beih. Bot. Cbl., Abt. B, 61, 137—
207. Dresden 1941.

71 KELHOFER, E.: Beiträge zur Pflanzengeographie des Kantons Schaffhausen. — Diss.
Univ. Zürich. — Schaffhausen 1915.

5 KLIKA, J.: Příspevek ke geobotanickému výzkumu Velké Fatry. 1. O lesnich společenstvech. Une étude géobotanique de Velká Fatra. 1. Les types forestiers. (Tsche-
chisch m. franz. Zusfassg.) — Preslia, 5, 6—35. Prag 1927.

11 — Lesy v xerotermii oblasti Čech. Příspevek k typologii lesu ČSR. Studie socio-
logická. Wälder im xerothermen Gebiete Böhmens. Ein Beitrag zur Typologie
der Wälder in ČSR. Eine soziologische Studie. (Tschech. m. dtsch. Zusfassg.) —
Sborn. čsl. Akad. zemed. (Ann. d. Tschecho-slowak. Akad. d. Landwirtsch.), 7,
321—359. Prag 1932.

22 — Das Klimaxgebiet der Buchenwälder in den Westkarpathen. — Beih. Bot. Cbl.,
Abt. B, 55, 373—418. Dresden 1936. [= 1936 a].

23 — Studien über die xerotherme Vegetation Mitteleuropas. IV. Erläuterungen zur
vegetationskundlichen Karte des Lovoš (Lobosch). — Beih. Bot. Cbl., Abt. B, 54,
489—514. Dresden 1936. [= 1936 b].

44 — Zur Kenntnis der Waldgesellschaften im Böhmischen Mittelgebirge (Wälder des
Milleschauer Mittelgebirges). — Beih. Bot. Cbl., Abt. B, 60, 249—286. Dresden 1939.

53 — Rostlinosociologická studie křyvoklátskýclesu. Die Pürglitzer Wälder. Pflanzensoziologische Studie. (Tschech. m. dtsch. Zusfassg.) — Věstn. Král. Česk. Spol.
Nauk, Tř. mat.-přirodoved., Roč. 1941, 1—46. Prag 1941.

60 — Rostlinne-sociologicky příspévek k poznani Přesovských kopcu. (Die Wälder des
Eperies-Gebirges). (Tschech. m. dtsch. Zusfassg.) — Věstn. Král. Česk. Spol. Nauk,
Tř. mat.-přirod., Roč. 1942, 1—25. Prag 1942.

57 KNAPP, R.: Zur Systematik der Wälder, ·Zwergstrauchheiden und Trockenrasen des
eurosibirischen Vegetationskreises. — Arb. a. d. Zentralstelle f. Vegetationskartierung d. Reiches. Hannover 1942. (Als Manuskript vervielfältigt.)

64 — Vegetationsaufnahmen von Wäldern der Alpen-Ostrand-Gebiete. 4. Buchenwälder
der niederen Bergländer (Fagetum silvaticae 2 und Eschen-Ahorn-Schluchtwälder
(Acereto-Fraxinetum). — Halle (Saale) 1944. (Als Manuskript vervielfältigt.)
[= 1944 a].

65 — Die Hauptsubassoziation, eine neue Einheit im System der Pflanzengesellschaften.
Halle 1944. (Als Manuskript vervielfältigt.) [= 1944 b].

Nummer
der
Auszüge:

66 KNAPP, R.: Vegetationsaufnahmen von Wäldern des Unterharzes. — Halle (Saale) 1944. (Als Manuskript vervielfältigt.) [= 1944 c].

67 — Pflanzen, Pflanzengesellschaften, Lebensräume. I u. II. — Halle (Saale) 1944. (Als Manuskript vervielfältigt.) [= 1944 d].

69 — Vegetationsaufnahmen von Wäldern aus dem Raume der mittleren Saale und dem Kyffhäuser. — Halle (Saale) 1944. (Als Manuskript vervielfältigt.) [= 1944 e].

70 — Vegetations-Studien in Serbien. — Halle (Saale) 1944. (Als Manuskript vervielfältigt.) [= 1944 f].

KOCH, C.: Die Pflanzenvereine der Osnabrücker Landschaft. — Osnabrücker Heimatbuch, H. 2. Osnabrück 1925.

33 KOCH, H. und v. GAISBERG, E: Die standörtlichen und forstlichen Verhältnisse des Naturschutzgebietes Untereck. — Veröff. Württ. Landesstelle f. Naturschutz, H. 14, Stuttgart 1938.

3 KOCH, W.: Die Vegetationseinheiten der Linthebene unter Berücksichtigung der Verhältnisse in der Nordostschweiz. Systematisch-kritische Studie. — Jahrb. d. St. Gallischen Naturwiss. Ges., 61, II. Teil (1925), 1—144. St. Gallen 1926.

30 KÜMMEL, K.: Beitrag zur Kenntnis einiger Pflanzengesellschaften und ihrer Bodenreaktion in der Umgebung von Düsseldorf. — Decheniana, Verh. d. Naturhist. Ver. d. Rheinlande u. Westfalens, 94, 162—198. Bonn 1937.

49 — Floristisch-soziologische Streifzüge durch die Umgebung von Bonn. II. Die Pflanzenwelt der Basalte des nördlichen Mittelrheingebietes. — Ebenda, 99, 1—90. 1940.

27 KUHN, K.: Die Pflanzengesellschaften im Neckargebiet der Schwäbischen Alb. — Öhringen 1937.

74 LIBBERT, W.: Die Vegetation des Fallsteingebietes. — Mitt. flor.-soz. Arbeitsgem. Niedersachsen, H. 2, 1—66. Osterwiek 1930.

45 MAGYAR, P.: Aus den pflanzensoziologischen Beziehungen des ungarischen Waldbaues. — Ztschr. f. Weltforstwirtschaft, 7, 228—240. Neudamm u. Berlin 1939/40.

16 MEUSEL, H.: Die Waldtypen des Grabfelds und ihre Stellung innerhalb der Wälder zwischen Main und Werra. — Beih. Bot. Cbl., Abt. B, 53, 175—251. Dresden 1935.

40 — Die Vegetationsverhältnisse der Gipsberge im Kyffhäuser und im südlichen Harzvorland. Ein Beitrag zur Steppenheidefrage. — Hercynia, Abh. d. Bot. Vereinigung Mitteldeutschlands, 2, 1—372. Halle/Berlin 1939.

59 — Pflanzengeographische Betrachtungen über mitteleuropäische Waldgesellschaften. 2. Der Buchenwald als Vegetationstypus. — Bot. Arch., 43, 305—321. Leipzig 1942.

62 MEUSEL, H. und HARTMANN, E.: Vegetationskundliche Studien über mitteleuropäische Waldgesellschaften. 2. Die Gliederung der Buchenwälder im mitteldeutschen Trias-Hügelland. — Bot. Archiv, 44, 521—543. Leipzig 1943.

MIKYSKA, R.: Studie o bučinách na Ptáčniku. [Studie über die Buchenwälder am Ptacnik.] (Tschech.) — Bratislava, 10, 213—233. Prag 1936.

43 — Studie über die natürlichen Waldbestände im slowakischen Mittelgebirge (Slovenské stredohorie). Ein Beitrag zur Soziologie der Karpathenwälder. — Beih. Bot. Cbl., Abt. B, 59, 169—244. Dresden 1939.

35, 36, 37 MOOR, M.: Zur Systematik der Fagetalia. — Ber. Schweiz. Bot. Ges., 48, 417—469. Bern 1938.

50 — Pflanzensoziologische Beobachtungen in den Wäldern des Chasseralgebietes (Berner und Neuenburger Jura). — Ber. Schweiz. Bot. Ges., 50, 545—566. Bern 1940.

75 OBERDORFER, E.: Bemerkenswerte Pflanzengesellschaften und Pflanzenformen des Oberrheingebietes. Zur Frage natürlicher Buchenwaldgesellschaften in Baden. — Beitr. z. naturkundl. Forschg. in Südwestdeutschland, 1, 49—88. Karlsruhe i. B. 1936.

76 — Ein Beitrag zur Vegetationskunde des Nordschwarzwaldes. Erläuterung der vegetationskundlichen Karte Bühlertal—Herrenwies (Bad. Meßtischbl. 73). — Beitr. z. naturkundl. Forschg. in Südwestdeutschland, 3, 149—270. Karlsruhe i. B. 1938.

OLTMANNS, Fr.: Pflanzenleben des Schwarzwaldes. 3. Aufl., Freiburg i. Br. 1927.

Nummer
der
Auszüge:

54 POHL, F.: Die Wälder des Odřejník in den mährisch-schlesischen Beskiden und die
   Verbreitung von *Melica uniflora* Retz. in den Sudetenländern. — Lotos, 88,
   1—28. Prag 1941—42.
   PREIS, K.: Die Besiedelung der Blockhalden in der Biberklamm. Vegetationsstudien
   im Böhmischen Mittelgebirge, I. — Beih. Bot. Cbl., Abt. B. 57, 521—576. Dresden
   1937.

18 QUANTIN, A.: L'évolution de la végétation à l'étage de la chênaie dans le Jura
   méridional. — Thèse Fac. Sc. Univ. Paris. Lyon 1935, 1—377. Und: Comm.
   SIGMA Nr. 37. Montpellier 1935.
   ROLL, H.: Einige Waldquellen Holsteins und ihre Pflanzengesellschaften. Soziologisch-
   limnologische Quellenuntersuchungen I. — Bot. Jahrb., 70, 67—94. Stuttgart 1939.
   RUHE, W.: Areale der mitteleuropäischen *Acer*-Arten. — Feddes Repert., Beih. 86,
   95—106. Berlin-Dahlem 1936.

41 SCHLENKER, G.: Die natürlichen Waldgesellschaften im Laubwaldgebiet des Württembergischen Unterlandes. — Veröff. Württ. Landesstelle f. Naturschutz, H. 15,
   103—140. Stuttgart 1939.

47 — Erläuterungen zum pflanzensoziologischen Kartenblatt Bietigheim. — Tübingen
   1940.
   SCHMUCKER, Th.: Die Baumarten der nördlich-gemäßigten Zone und ihre Verbreitung. — Silvae Orbis, Nr. 4. Berlin-Wannsee 1942.

13 SCHWICKERATH, M.: Die Vegetation des Landkreises Aachen. — Aachener Beitr. z.
   Heimatkunde, H. 13. 1—135. Aachen 1933.

29 — Die nacheiszeitliche Waldgeschichte des Hohen Venns und ihre Beziehung zur
   heutigen Vennvegetation. — Abh. Preuß. Geol. Landesanstalt, n. F., H. 184, 1—83,
   Berlin 1937.

31 — Aufbau und Gliederung der Wälder und Waldböden des Hohen Venns und seiner
   Randgebiete nebst Hinweisen auf das Vorkommen der gleichen Wälder und
   Waldböden im übrigen Rheinland. — III. Jahresber. d. Gruppe Preußen-Rhein-
   land d. Dtsch. Forstv., 1937, 1—82. Berlin 1938. [= 1938 a].

32 — Wälder und Waldböden des Hohen Venns und seiner Randgebiete. Vegetations-
   und bodenkundliche Ergebnisse der westdeutschen Fichtenbereisung. — Mitt. aus
   Forstwirtsch. u. Forstwiss., 9, 262—350. Hannover 1938. [= 1938 b].

39 — Eifelfahrt 1937. Ergebnisse der im Auftrage der Reichsstelle für Naturschutz ge-
   leiteten pflanzensoziologischen Studienfahrt durch die Eifel vom 25. bis 31. Juli
   1937. — Beih. Bot. Cbl., Abt. B, 60, 52—123. Dresden 1939.

63 — Das Hohe Venn und seine Randgebiete. — Pflanzensoziologie, 6, Jena 1944.
   SIGMOND, J.: Die natürlichen Waldwuchsbezirke des Sudetenlandes. — Tharandter
   Forstl. Jahrb., 92, 661—694. Berlin 1941.
   SILLINGER, P.: Vegetace Tematínských kopcu na západním Slovensku. [Die Vegeta-
   tion der Tematiner Hügel in der Westslowakei.] (Tschech.) — Rozpr. II. tr. Česk.-
   Akad., 40, 1—46. Prag 1930.

14 — Monografické studie o vegetaci Nizkých Tater. [Monographische Studie über die
   Vegetation der Niederen Tatra.] (Tschech.) — Knihovna sboru pro výzk. Slo-
   venska a Podkarp. Rusi pri Slov. úst. v. Prace. 6, 1—340. Prag 1933.

 7 SOO, R. v.: Vergleichende Vegetationsstudien Zentralalpen-Karpathen-Ungarn, nebst
   kritischen Bemerkungen zur Flora der Westkarpathen. — In: RÜBEL, E.: Ergebnisse der Intern. Pflanzengeographischen Exkursion durch die Tschechoslowakei
   und Polen 1928. — Veröff. Geobot. Inst. Rübel in Zürich, H. 6, 237—322.
   Bern/Berlin 1930.

46 — Vergangenheit und Gegenwart der pannonischen Flora und Vegetation. — Nova
   Acta Leopoldina, n. F., 9, Nr. 56, 1—49. Halle 1940.

68 — A Székelyföld Növényszövetkezeteiröl. Über die Pflanzengesellschaften des Szekler-
   landes (Ostsiebenbürgen). — Muzeumi Füzetek II, 2, 10—59, Kolozsvár 1944.
   (Ungar., m. dtsch. Zusfassg.).

42 SVOBODA, P.: O lesních společenstvech svazu bučin Liptovských holí a jejich suk-
   cesi. Die Waldgesellschaften des Fagion-Verbandes in den Liptauer Alpen und
   ihre Sukzession. (Tschech., m. dtsch. Zusfassg.) — Sborn. čsl. Akad. zeměd. (Ann.
   Tschechoslow. Akad. d. Landwirtschaft), 10, 428—434. Prag 1935.

Nummer
der
Auszüge:

42 SVOBODA, P.: Lesy Liptovských Tater. Studie o dřevinách a lesních společenstvech se zvláštním zřetelem k vlivum antropozooickým. Wälder der Liptauer Alpen. Studien über Holzarten und Waldgesellschaften unter besonderer Berücksichtigung anthropozoischer Einflüsse. (Tschech., m. dtsch. Zusfassg.) — Opera Botanica Čechica, 1, 1—164 (tschech.) u. 1—36 (dtsch.). Prag 1939.

17 SZAFER, W.: Las i step na zachodniem Podolu. The forest and the steppe in West Podolia. (Poln., m. engl. Zusfassg.) — Pol. Akad. Umiej. Rozpraw Wydz. mat.-przyr. 71, B. Krakau 1935.

TROLL, W.: Die natürlichen Wälder im Gebiet des Iservorlandgletschers. Der pflanzengeographische Typus einer nordalpinen Glaziallandschaft. — Mitt. Georg. Ges. München, 19, 1—129. München 1926.

6 TÜXEN, R.: Bericht über die pflanzensoziologische Exkursion der floristisch-soziologischen Arbeitsgemeinschaft nach dem Pleßwalde bei Göttingen am 14. August 1927. (Zugleich vorläufige Mitteilung über einige Pflanzengesellschaften Südhannovers.) — Mitt. flor.-soz. Arbeitsgem. Niedersachsen, H. 1, 25—51. Hannover 1928.

8 — Die Pflanzendecke zwischen Hildesheimer Wald und Ith in ihren Beziehungen zu Klima, Boden und Mensch. In: BARNER, W.: Unsere Heimat. Das Land zwischen Hildesheimer Wald und Ith, S. 55—131. Hildesheim 1931.

26 — Die Pflanzengesellschaften Nordwestdeutschlands. — Mitt. flor.-soz. Arbeitsgem. Niedersachsen, H. 3, 1—170. Hannover 1937.

TÜXEN, R. und DIEMONT, W. H.: Weitere Beiträge zum Klimaxproblem des westeuropäischen Festlandes. — Mitt. Naturwiss. Verein zu Osnabrück, 23, 131—184. Osnabrück 1936.

WANGERIN, W.: Vegetationsstudien im nordostdeutschen Flachlande. I. — Schriften Naturf. Ges. Danzig, 17, 168—272. Danzig 1926.

73 WINTELER, R.: Studien über die Soziologie und Verbreitung der Wälder, Sträucher und Zwergsträucher des Sernftales. — Vierteljahrsschr. Naturf. Ges. in Zürich, 72, 1—185. Zürich 1927.

61 WITTIG, J.: Die Laubwälder der Sudeten und ihres Vorlandes. — „Schlesische Heimat". Breslau 1942/1943.

ZOLYOMI, B.: Übersicht der Felsvegetation in dem pannonischen Florenbezirk und dem nordwestlich angrenzenden Gebiete. — Ann. Musei Nationalis Hungarici, 30. Budapest 1936.

D. Verbreitungskarte des Schluchtwaldes.

Erläuterung zur Karte der Verbreitung des Schluchtwaldes und des Bergahorns.

(Maßstab 1 : 6,500.000.)

Die eingezeichneten Kreise mit den Ziffern von 1 bis 70 entsprechen den betr. Nummern der Literatur-Auszüge und des Literatur-Verzeichnisses, so daß direkte Vergleiche möglich sind. Wenn sich mehrere Arbeiten eines Verfassers mit dem gleichen Vorkommen des Schluchtwaldes befaßt haben, so wurden aus Platzmangel nicht sämtliche Arbeiten auf der Karte berücksichtigt, sondern nur die zeitlich oder inhaltlich wichtigsten, so daß also nicht alle Zahlen von 1 bis 70 auf der Karte vorhanden sind. Umgekehrt können in einer Arbeit mehrere Vorkommen des Schluchtwaldes genannt sein, die so weit auseinander liegen, daß sie nicht mehr durch e i n e n Kreis erfaßt werden; so wurden z. B. am Alpen-Ostrand die bei KNAPP (1944 a) genannten Einzelgebiete durch 4 Kreise mit der gleichen Nummer 64 dargestellt.

Durch schräge Schraffur ist das Verbreitungsgebiet des Bergahorns, *Acer pseudoplatanus*, dargestellt (im wesentlichen nach MEUSEL 1942, RUHE 1936 und SCHMUCKER 1942). Das Bergahorn-Vorkommen im südöstlichen Kaukasus wurde nicht berücksichtigt. Aus der Karte geht hervor, daß die Verbreitung des Schluchtwaldes nicht die Arealgrenzen des Bergahorns erreicht.

Gesellschaften, deren Zugehörigkeit zum Schluchtwald fraglich erscheint, wurden mit einem Fragezeichen (?) versehen.

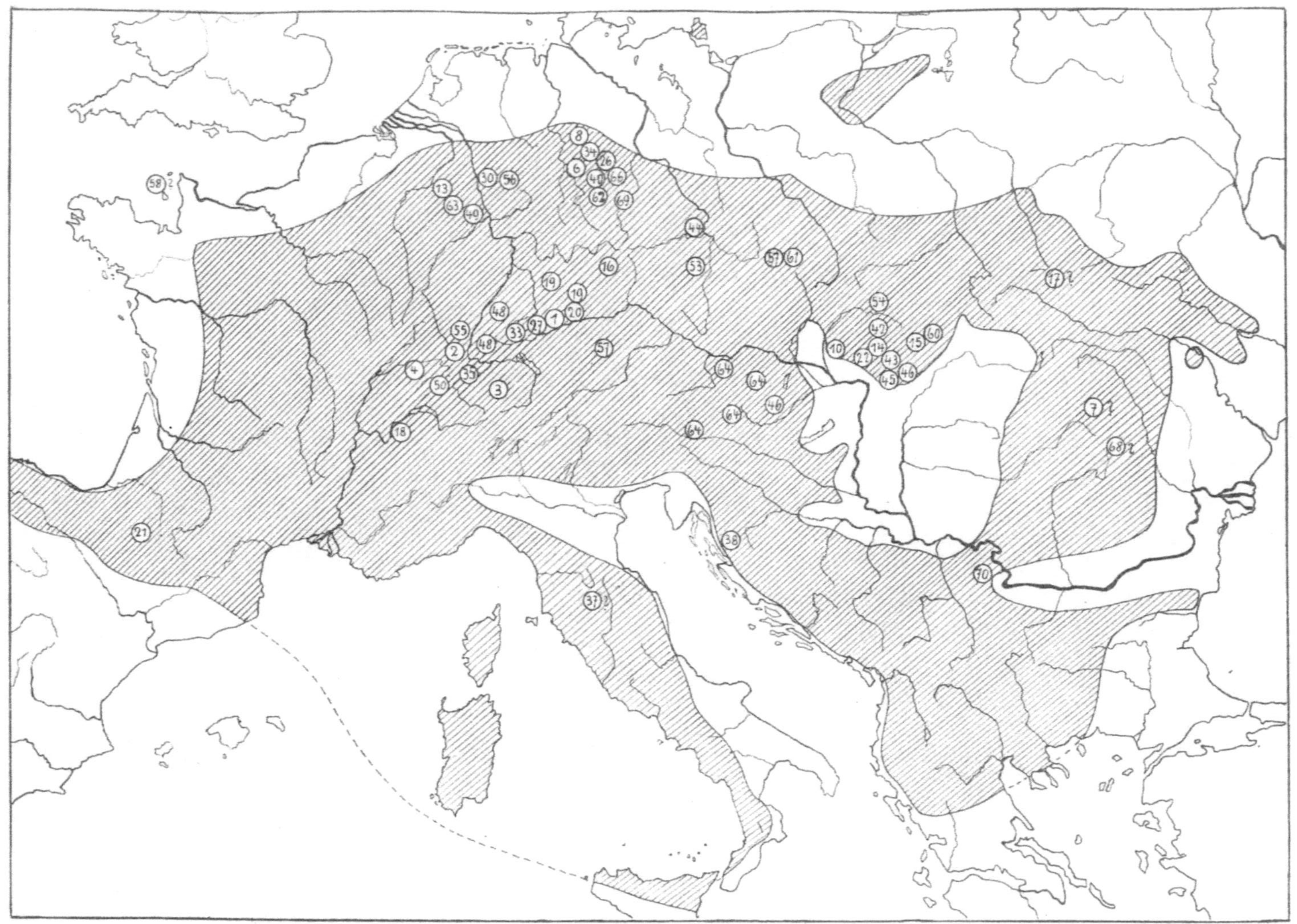

II. Der Bach-Eschenwald

(Cariceto remotae-Fraxinetum).

A. Zusammenfassende Übersicht.

1. DIE BENENNUNG DER ASSOZIATION.

Im Gegensatz zum Schluchtwald erübrigt sich für den Bach-Eschenwald (Bachtälchenwald, Gesellschaft der Winkelsegge unter Eschen) die Aufstellung einer Synonymenliste, weil diese Gesellschaft einheitlich als *Cariceto remotae-Fraxinetum* bezeichnet worden ist.

Allerdings wäre nach MOOR (1938) auch das *Alneto-Caricetum remotae* von LEMÉE (1937, S. 338—342) aus NW-Frankreich dieser Assoziation zuzurechnen, von der es nur eine westliche Form darstellen soll. Ferner gibt es eine Reihe von Beständen, die im Zusammenhang mit dem *Alnetum glutinosae* i. w. S. beschrieben worden sind, die aber nahe Beziehungen zum *Cariceto remotae-Fraxinetum* aufweisen und vielleicht ebenfalls hierher gestellt werden müssen. Solche Fälle werden weiter unten zusammengestellt und eingehender mit dem typischen Bild des *Cariceto remotae-Fraxinetum* verglichen.

Die Rücksicht auf die Priorität gebietet, darauf hinzuweisen, daß schon GRAEBNER in seinem Lehrbuch der Formationsbiologie 1909 mit aller Klarheit die Bindung bestimmter Arten „an quellige Stellen und Rinnsale in den Wäldern, soweit sie schattig sind" erkannt hat. Er schreibt (1909, S. 243—244): „Besonders charakteristisch für solche Orte sind der Riesenschachtelhalm *Equisetum maximum,* der Waldhahnenfuß *Ranunculus auricomus,* einige Seggen *(Carex silvatica, C. remota* und die sehr zerstreut vorkommende, sehr große *Carex pendula* [*C. maxima*]). Am Boden kriechen oft *Lysimachia nemorum* (Friedlos) und der Bergehrenpreis *Veronica montana.* Oft ist auch der Waldziest *Stachys silvaticus* in großen Mengen vorhanden, ebenso . . . *Chrysosplenium, Impatiens* etc." Damit sind die Leitarten des Bach-Eschenwaldes richtig und ziemlich vollständig erkannt.

Wie in Teil I dieser Zusammenstellungen näher ausgeführt worden ist, umfaßte der Schluchtwald im Sinne der älteren soziologischen Untersuchungen eine Vielheit von Gesellschaften, darunter auch Bruchstücke des Bach-Eschenwaldes. W. KOCH (1926) hat das *Cariceto-remotae-Fraxinetum* erstmalig herausgelöst und als selbständige Assoziation aufgestellt.

Als deutsche Bezeichnungen sind die folgenden Namen gebraucht worden: Bach-Eschenwald (TÜXEN 1937), Bachtälchenwald (FABER 1937), Eschenwald (FEUCHT 1927), bachbegleitender Eschenwald, nasser Eschenwald (OBERDORFER 1938), Gesellschaft der Winkelsegge unter Eschen (KÄSTNER 1938), Laubwaldsumpfgesellschaft (KÄSTNER 1941), Bach-Eschen-Erlenwald KNAPP 1944); die Bezeichnung Eschen-Bruchwald (HARTMANN 1937) könnte eine

Verwechslung mit Waldgesellschaften mit stagnierendem Bodenwasser, die Bezeichnung Eschenschluchtwald (ROLL 1939) eine Verwechslung mit dem Schluchtwald *Acereto-Fraxinetum* veranlassen.

2. FLORISTISCH-SOZIOLOGISCHER AUFBAU DES BACH-ESCHENWALDES.

Die Frage nach der Baumschicht ist beim Bach-Eschenwald noch nicht ganz geklärt. Die eigene Baumschicht, für die im Schrifttum das Vorherrschen von Esche und die Beimischung von Schwarzerle (über die Rolle der Esche vgl. weiter unten!), bzw. Bergahorn angegeben wird, ist in den Aufnahmen aus manchen Gebieten auffallend dürftig. Als Erklärung könnte man annehmen, daß sich die Gesellschaft auf dem schmalen Raum, den sie entlang der Bäche und Quellrinnsale einnimmt, nicht voll entwickeln kann. Auf Grund seiner Untersuchungen im Erzgebirge hält KÄSTNER 1941 dagegen die Gesellschaft, die er im gleichen Gebiet 1938 noch als *Cariceto remotae-Fraxinetum* beschrieben hatte, überhaupt für baumfrei. Er nennt sie „*Caricetum remotae*, Laubwaldsumpfgesellschaft", und hält sie nur im allgemeinen abhängig vom Schatten des umgebenden Waldes. Er glaubt, daß sich das Gleiche auch in anderen Gebieten zeigen würde, falls man die Bestände nur genügend scharf von den angrenzenden Gesellschaften abtrennt.

Auf Grund eigener Erfahrungen glauben wir nicht, daß sich KÄSTNERS Beobachtungen verallgemeinern lassen, daß sich aber Nachprüfungen in den verschiedensten Gebieten an Ort und Stelle empfehlen würden; denn es ist beispielsweise für die Forstwirtschaft praktisch wichtig zu wissen, wie weit solche Stellen zum Anbau von Holzarten herangezogen werden können.

Eine ganze Reihe von Arten ist irgendwie einmal als Charakterarten gewertet worden, nämlich *Fraxinus excelsior, Carex remota, C. pendula* und *C. strigosa, Chrysosplenium alternifolium* und *Chr. oppositifolium, Impatiens Noli-tangere, Rumex sanguineus, Veronica montana, Equisetum silvaticum, Poa remota, Cardamine flexuosa, Cerastium silvaticum, Circaea intermedia**), *Lysimachia nemorum, Mnium undulatum*. — Aber wohl nur wenige derselben dürften einer Nachprüfung standhalten. *Fraxinus, Impatiens* und *Mnium undulatum* sind vielen feuchten und frischen Waldgesellschaften gemeinsam. Die Milzkraut-Arten sind mindestens ebenso bezeichnend für den Quellflur-Verband (*Cardamineto-Montion*). Ob *Rumex sanguineus, Veronica montana, Cardamine flexuosa, Lysimachia nemorum, Circaea intermedia* gerade hier ein deutliches Optimum der Entwicklung haben, kann man bezweifeln. *Veronica montana* beispielsweise ist im Schwarzwald viel eher im *Fageto-Fraxinetum* zu finden (vgl. BARTSCH 1940), das nach seiner räumlichen Verteilung und auch ökologisch zwischen dem Bach-Eschenwald und dem umgebenden Tannen-Buchen-Klimaxwald vermittelt. *Equisetum silvaticum* ist überhaupt nur lokal als Charakterart gewertet worden (FEUCHT 1938). Von der ganzen oben aufgezählten Reihe haben am ehesten *Carex remota, C. pendula* und *C. strigosa* Anspruch auf den Rang von Charakterarten; *Carex strigosa* ist aber aus pflanzengeographischen Gründen nicht überall vorhanden; wir finden sie in den Aufnahmen aus NW-Deutschland (TÜXEN 1937) und aus der NW-Schweiz (MOOR 1938). *Poa remota* als östliche (?) Art**) gehört einer besonderen Ausbildungsform des Bach-Eschenwaldes im Erzgebirge an (KÄSTNER 1938).

---

*) *Circaea alpina* und *C. intermedia* sind diagnostisch nicht scharf voneinander zu unterscheiden, wie KÄSTNER (in Feddes Repert., Beih. 121, S. 33—39, Berlin 1940) gezeigt hat.

Entsprechend dem nassen Standort spielen im Bach-Eschenwald die Bodenfeuchtigkeitszeiger eine große Rolle. Zu denjenigen, die nach Stetigkeit und
Menge hervortreten und meist etwas gesellig stehen, zählen *Impatiens, Festuca
gigantea, Carex remota,* die *Circaea*-Arten, ·beide *Chrysosplenium*-Arten, *Deschampsia caespitosa, Lysimachia nemorum* und auch *Stachys silvaticus.* Einzeln
wachsen die ebenfalls sehr steten Arten *Geum urbanum, Scrophularia nodosa,
Ajuga reptans.* Zu denjenigen häufigen und bezeichnenden Arten, die nicht
gerade als Bodenfeuchtigkeitszeiger bezeichnet werden können, sondern die auch
auf mehr oder weniger frischen Böden vorkommen, gehören *Carex silvatica,
Veronica montana, Athyrium Filix-femina, Glechoma hederacea, Stellaria
nemorum.* Unter den zufälligen und fremden Begleitern sind wieder viele
feuchtigkeitsliebende Arten: *Juncus effusus, Caltha palustris, Cirsium oleraceum,
Agrostis alba* etc.

Aus den manchmal benachbarten Quellfluren von Rinnsalen und überrieselten Stellen treten *Cardamine amara* und *Stellaria uliginosa* in die Gesellschaft ein.

Arten der umgebenden Buchenwälder treten bei genügend sorgfältiger Abgrenzung der Gesellschaft in den Bestandesaufnahmen sehr stark zurück. Häufiger sind *Milium effusum, Lamium Galeobdolon, Epilobium montanum* und
manchmal auch *Asperula odorata* zu finden. Dagegen dringen die anspruchs-
volleren Geophyten *(Allium ursinum, Arum maculatum, Paris quadrifolia,
Corydalis cava)* hier selten ein; allein *Ranunculus Ficaria* scheint häufiger
zu sein.

Unter den Moosen spielen *Mnium-* und *Brachythecium*-Arten eine Rolle,
dazu einige Lebermoose.

Die Vegetationsbedeckung durch die Krautschicht ist fast lückenlos; Raum
und Licht sind durch deutliche Schichtung ausgenutzt. Für die Physiognomie
der Gesellschaft ist die Häufigkeit der Hochstaudenform bezeichnend, mit
hohen Gräsern wie *Festuca gigantea, Deschampsia caespitosa, Milium effusum,
Brachypodium silvaticum,* auffallend stattlichen Riedgräsern wie *Carex pendula, C. silvatica, Scirpus silvaticus,* und hochgewachsenen Kräutern wie *Impatiens, Urtica dioica, Stachys silvaticus, Valeriana officinalis* und *V. sambucifolia, Geum urbanum, Crepis paludosa, Rumex sanguineus* und *R. obtusifolius,*
denen sich hohe Farne *(Athyrium Filix-femina)* und hohe Schachtelhalme
(Equisetum maximum oder *E. silvaticum)* beigesellen können. *Carex remota*
bildet ein Zwischenstockwerk. Am Boden halten sich *Lysimachia nemorum, Stellaria nemorum, Circaea alpina, Glechoma,* die *Chrysosplenium*-Arten, *Ranunculus repens, Ajuga reptans* und die Kriechsprosse von *Lamium Galeobdolon.*

3. UNTERGLIEDERUNG DER ASSOZIATION.

Verschiedentlich sind Versuche gemacht worden, den Bach-Eschenwald zu
untergliedern in kalkreichere und kalkärmere Ausbildungsformen (TÜXEN
1937, MOOR 1938) oder nach Höhenlage (KÄSTNER 1938). Allgemeinere
Gültigkeit über größere Gebiete scheinen diese unterschiedenen Formen jedoch
nicht zu haben.

Das Eindringen von subalpinen Hochstauden wie *Adenostyles Alliariae,
Ranunculus aconitifolius, Rumex arifolius* von oben her in die lokalklimatisch

---

****)** Über diese oft mit *Poa Chaixii* verwechselte Art vgl. FLÖSSNER (1942); auf Vorkommen
und Gesellschaftsanschluß wäre zu achten.

kühlen Lagen, die die Gesellschaft in den Bacheinschnitten einnimmt, zeigt sich in viel geringerem Maße als beim Schluchtwald, vor allem wohl deshalb, weil der Bach-Eschenwald selbst nicht sehr hoch hinaufreicht; *Carex remota* als Einzelart steigt nach HEGI nur bis ca. 1000 m. Eine schwächere Einmischung von solchen Hochstauden läßt sich jedoch in verschiedenen Gebieten feststellen: im Schwarzwald (BARTSCH 1940, BUCK-FEUCHT 1942), im Erzgebirge (KÄSTNER 1938), in den mährisch-schlesischen Beskiden (POHL 1941/1942). Besonders *Chaerophyllum hirsutum* hat innerhalb dieser Gesellschaft weit nach unten vorstoßende Vorkommen (vgl. auch WANGERIN 1926, S. 244).

4. GESELLSCHAFTSHAUSHALT.

Den Bach-Eschenwald findet man an Bachrändern und quelligen Hängen vom Hügelland bis in die mittlere montane Stufe hinauf. Er ist meist flächenmäßig äußerst beschränkt und wird daher vom umgebenden Wald bedrängt. Der Boden ist naß, durchtränkt von bewegtem Wasser; zur Zeit der Schneeschmelze und nach Regengüssen kann er auch vorübergehend überschwemmt sein, wodurch neue Nährstoffe zugeführt werden. FABER (1936) hat als Unterscheidungsmerkmal dem Schluchtwald gegenüber auf das Fehlen der Steinüberschüttung hingewiesen. Das Fehlen größerer Steilheit könnte als weiteres negatives Merkmal gelten; die Ansprüche an die Nährstoffverhältnisse sind nicht so hoch wie bei jener Gesellschaft. Die „Unterlage aus undurchlässigen Lehmen und Mergeln", die für die Untersuchungsgebiete von FABER ebenso wie von KOCH (1926), FEUCHT (1938), BÜKER (1939) zutrifft, steht wohl nur insofern in Beziehung zu unsrer Gesellschaft, als solche Schichten in der Regel Quellhorizonte darstellen; sie sind aber nicht notwendige Vorbedingung für die Ausbildung des Bach-Eschenwaldes, der auch auf Urgesteinsboden beschrieben wurde.

Der Boden, der unter dem Einfluß des kalten Quell- und Bachwassers steht, ist im Vergleich zu benachbarten Waldgesellschaften kalt in der warmen Jahreszeit; die Wintertemperaturen des Bodens sind gemildert. Über die Strömungsgeschwindigkeit des Bodenwassers, von der die Durchlüftungsverhältnisse abhängen, wissen wir nichts Genaueres. KÄSTNER (1941) hält, wenn wir die Verhältnisse seines „Caricetum remotae" auf unsere Gesellschaft übertragen dürfen, die Wasserbewegung im Boden für „nicht besonders lebhaft, trotzdem meist ein munteres Bächlein die Gesellschaft durcheilt." Unter dem stark humosen, schlammigen A-Horizont ist vielfach Gleibildung beobachtet worden.

Auf einen gewissen Stickstoffgehalt des Bodens kann aus einigen nitrophilen Arten der Gesellschaft geschlossen werden (*Urtica dioica, Impatiens Noli-tangere, Rumex*-Arten).

Aus dem Schwarzwald stehen einige pH-Messungen aus dem Bach-Eschenwald auf kalkarmem Boden (Granit) zur Verfügung mit Werten von 5,9 bis 5,1. Der Vergleich mit den pH-Werten im angrenzenden Tannen-Buchen-Klimaxwald (pH kleiner als 5,0) zeigt, daß auch auf silikatischer Unterlage im Standort des Bach-Eschenwaldes keine stärkere Bodenversauerung eintritt (BARTSCH 1940). Für kalkreichere Ausbildungsformen der Gesellschaft, wie sie TÜXEN (1937) oder MOOR (1938) erwähnen, kommen wohl pH-Werte im neutralen oder alkalischen Bereich in Betracht.

Das Bestandesklima innerhalb der Gesellschaft ist charakterisiert durch die Beschattung, sei es, daß bestandseigene Holzarten den Schatten liefern, oder daß die flächenmäßig meist auf schmale Streifen beschränkte Gesellschaft von

dem umgebenden Wald her ihre Beschattung erhält. Jedoch ist die Licht-
dämpfung weniger gleichmäßig und tief als in einem geschlossenen Wald-
bestand, weil der Lauf der Bäche und Rinnsale streifenförmige Unterbrechungen in der Vegetationsdecke darstellt, denen Lücken im Kronenschluß entsprechen können.

Angesichts der üppig übergrünten quelligen Rinnen und Bachufer fällt es
schwer, an die geringe Stoffproduktion in der Gesellschaft zu glauben, von der
KÄSTNER (1941, S. 181) spricht. Er hat dabei allerdings die Jahresleistung an
organischer Masse bei seinem *Caricetum remotae* als b a u m f r e i e r Gesellschaft im Vergleich zum umgebenden Wald im Auge. Die Produktion organischer Masse ist in der Krautschicht sicher nicht gering; allerdings besitzen
manche hygrophile Arten nur ein lockeres, wasserreiches Gewebe, wie das
Springkraut, das in wenigen Monaten keimt, sich zu einem äußerlich stattlichen
Gewächs entwickelt und früh im Herbst hinfällig wird, oder wie *Chrysosplenium oppositifolium* mit seinem außerordentlich lockeren Blattgewebe.

Einige Arten der unteren Krautschicht, die eigentlich keine Waldpflanzen
sind, zeigen hier oft vergrößerte Schattenblätter: *Caltha palustris, Ranunculus
repens, Galium palustre, Cardamine amara.* Manche der niedrigen Arten
kommen im Schatten der höheren nicht zum Blühen, kümmern jedoch keinesfalls, sondern sind in der Lage, in dem feuchten Lokalklima ihre vegetative
Vermehrung zu verstärken, so *Scutellaria galericulata, Lamium Galeobdolon,
Glechoma hederacea, Circaea intermedia, Oxalis Acetosella, Ranunculus repens.*

Auch im Winter bleibt manches von der Krautvegetation der Gesellschaft
grün unter der temperaturausgleichenden Wirkung des Wassers. So überwintern
die Blätter des Kriechenden Hahnenfußes, Günsels, Ruprechtskrautes, Sumpf-
Labkrautes und der beiden Milzkräuter, die sich schon im zeitigsten Frühjahr
mit ihren kleinen goldgelben Blütchen überziehen. Das Vorherrschen der Gräser und Riedgräser macht die Gesellschaft im allgemeinen arm an farbigem
Blütenschmuck.

5. VERBREITUNG UND PFLANZENGEOGRAPHISCHE
STELLUNG.

KNAPP (1942) hebt den montan-atlantischen Verbreitungscharakter der
Gesellschaft hervor. Er gliedert seine Haupassoziation *Cariceto-remotae-Fraxinetum* in mehrere geographische Assoziationen, vom *C. r.-Frax. occidenti-atlanticum* in England und Westfrankreich bis zum *C. r.-Frax. orienti-alpinum* in
den Randgebieten der Ostalpen und *C. r.-Frax. croaticum* auf der nordwestlich-
sten Balkanhalbinsel. Außerhalb des auf KNAPPS Verbreitungskärtchen er-
kennbaren Gesellschaftsareals (nordöstliche Vorposten in der Neumark!) liegt
PREISINGS *Cariceto remotae-Fraxinetum boreo-balticum* (1943). Diese Gesellschaft aus dem Wartheland scheint uns mit ihren vielen *Fagetalia*-Arten und
mit der Einmischung von Feldulme und Feldahorn nicht mehr dem Typus der
Gesellschaft zu entsprechen.

KÄSTNER (1941) hat die Glieder seines *Caricetum remotae,* das der Boden-
vegetation unseres *Cariceto remotae-Fraxinetum* entspricht, auf ihren pflanzengeographischen Charakter hin untersucht und auf den einheitlichen Arealtypus
aufmerksam gemacht. Zur Bezeichnung der Areale verwandte er die WAN-
GERINschen Arealziffern (WANGERIN 1935). Er hat das Arealtypenbild
(= Arealtypenspektrum bei MEUSEL) seiner Gesellschaft zahlenmäßig und als
Schaubild herausgearbeitet unter Verwendung des Gruppenwert-Begriffes nach

TÜXEN und ELLENBERG (1937), wodurch auch der gesellschaftliche Wert
der Einzelart mit einbezogen ist. Im Arealtypenbild spielen zirkumpolare Arten
(Chrysosplenium alternifolium), eurasiatische *(Festuca gigantea, Impatiens Noli-
tangere, Urtica dioica)*, eurosibirische *(Stachys silvaticus)* und vornehmlich
europäisch-westsibirische Arten ohne ausgesprochenen Sondercharakter des
Areals (z. B. *Carex remota**); *C. silvatica, Stellaria nemorum, Ajuga reptans;*
auch *Fraxinus excelsior* gehört hierher) die überragende Rolle. Nur wenige
Arten der Gesellschaft zeigen einen ausgesprochenen Sondercharakter ihres
Verbreitungsgebietes; von ihnen sind die atlantisch-montanen in der Gesellschaft von einer gewissen Bedeutung *(Chrysosplenium oppositifolium, Lysimachia nemorum, Valeriana dioica, Trichocolea tomentella)*. Ein Vergleich mit
dem Arealtypenbild anderer Gesellschaften läge nahe. Uns fällt auf, daß sich
unter den „europäisch-westsibirischen" Arten des Bach-Eschenwaldes doch nicht
nur Pflanzen von wenig ausgeprägter Arealgestaltung wie *Carex remota* und
Carex silvatica befinden, sondern auch andere, wie *Veronica montana,* deren
Areal dem der Buche am ehesten entspricht, oder wie *Cardamine flexuosa,* die
wesentlich eine südeuropäisch-westeuropäisch-zentraleuropäische Gesamtverbreitung besitzt.

Ein Vergleich zwischen der Gesellschaftsverbreitung (montan-atlantisch)
und dem Arealtypenspektrum, das einen Einschlag einiger montan-atlantischer
Arten in ein Grundgerüst von zirkumpolaren und europäisch-westsibirischen
Arten zeigt, legt den Gedanken nahe, daß der Bach-Eschenwald ein montan-
atlantisches Glied einer größeren Gruppe von feuchten Laubwaldgesellschaften
mit weiterer Verbreitung darstellt.

6. GESELLSCHAFTSSYSTEMATIK.

Der Bach-Eschenwald ist von TÜXEN zu den *Fagetalia* gestellt und innerhalb dieser Gesellschaftsordnung mit Eichen-Hainbuchen-Wald, Schluchtwald
und einigen anderen auwaldartigen Gesellschaften zu einem Verband, *Fraxino-
Carpinion,* vereinigt worden. Er erscheint jedoch nicht nur wegen des Zurück-
tretens der *Fagetum*-Arten sondern auch infolge des erwähnten abweichenden
Arealtypenbildes unbedingt stärker abgerückt vom Buchenwald als der Schluchtwald und auch als die Eichen-Hainbuchenwälder. Damit stände die Zuweisung
des Bach-Eschenwaldes zu anderen, neuen Verbänden durch HORVAT 1938
(Alnio-Quercion) und KNAPP 1942 *(Alno-Padion)* ganz gut im Einklang.

Die Beobachtung, daß im westsächsischen Berg- und Hügelland die durch
Carex remota charakterisierte bachbegleitende Gesellschaft ohne eigene Baumschicht entwickelt ist, hat KÄSTNER (1941), wie schon erwähnt, dazu veranlaßt,
das bisherige *Cariceto remotae-Fraxinetum* aufzulösen und eine Quellflurgesell-
schaft *Caricetum remotae* in einem neuen Verband *Caricion remotae* innerhalb
der *Montio-Cardaminetalia* als Ordnung aufzustellen. Auch SCHWICKERATH
(1944) hat dieses *Caricetum remotae* übernommen. Gegen diese Einordnung der
Gesellschaft läßt sich folgendes einwenden. Die bisher immer als Waldpflanzen
geltenden Arten *Festuca gigantea, Impatiens Noli-tangere, Veronica montana,
Stellaria nemorum* (von TÜXEN als *Fraxino-Carpinion*-Charakterarten gewer-

---

*) In einer späteren Veröffentlichung von KÄSTNER (1942) weichen die Angaben über den
Arealtypus in manchen Fällen von denen in seiner Arbeit von 1941 ab; z. B. wird *Carex
remota* 1941 als europäisch-westsibirisch, 1942 als zirkumpolar ohne ausgesprochene Arealgestaltung charakterisiert. Dadurch erscheint aber, soviel wir sehen, das Arealtypenbild
unserer Gesellschaft nicht in wesentlichen Zügen verändert.

tet), die KÄSTNER zu Charakterarten des Quellflurverbandes *Caricion remotae*
macht, erscheinen innerhalb der Ordnung der Quellfluren als ökologisch fremdes Element. Sie werden überdies von KÄSTNER im Falle der „*Alneten*" als
Charakterarten von Waldgesellschaften anerkannt, was nach KÄSTNER zulässig ist, weil *Caricetum remotae* und *Alnion* (Erlen b r u c h wald-Verband)
verschiedenen Höhenstufen angehören. Die „*Alneten*", die KÄSTNER (1941,
S. 164) im Auge hat (darunter das *Alnetum glutinosae cardaminetosum* von
TÜXEN 1937 und das *Alnetum glutinosae* von LIBBERT 1938!), sind aber
keine oder keine reinen *Alnion*-Gesellschaften, sondern mit dem *Cariceto
remotae-Fraxinetum* in der Tat nahe verwandte Erlen- A u e n wälder.

7. BEZIEHUNGEN ZU VERWANDTEN
GESELLSCHAFTEN.

Suchen wir nach den floristisch und ökologisch nächst verwandten Wäldern,
so kommt in erster Linie eine Reihe von Gesellschaften in Betracht, die im
Unterwuchs eine Vergesellschaftung fast der gleichen Pflanzen zeigt wie der
Bach-Eschenwald, bei denen aber diese Bodenpflanzengemeinschaft unter
S c h w a r z e r l e n steht. Solche Erlen-Bestände mit *Carex remota* sind im
Schrifttum mehrfach mit dem *Cariceto remotae-Fraxinetum* identifiziert worden:
MOOR (1938) bezieht das *Cariceto remotae-Alnetum* von LEMÉE (1935) und
die „Aulnaies des pentes sur marnes vertes" von ALLORGE (1922) in das *Cariceto remotae-Fraxinetum* mit ein. Aus KNAPPS Charakterisierung des *Cariceto
remotae-Fraxinetum* mit den Worten „die hierher gehörenden Wälder sind
meist Eschen- und S c h w a r z e r l e n wälder" und sonstigen Angaben in seiner
Übersicht (1942) möchten wir entnehmen, daß er jene Erlenbestände aus NW-
Frankreich ebenfalls zum *C. r.-Fraxinetum* gezogen hat, wenn sich das auch
nicht unmittelbar nachweisen läßt, weil von den vielen verarbeiteten Bestandesaufnahmen keine mitgeteilt sind und auch die Angabe der benützten Literatur fehlt.

Wir haben eine Anzahl von solchen fraglichen Waldbeständen unter der
Gruppe 2 unserer Auszüge (Nr. 38—46) mit aufgeführt, um dem Leser eine erste
Orientierung und Vergleichsmöglichkeit zu bieten; wir sind uns aber hierbei
bewußt, daß jede Auswahl von Arten aus den Bestandesaufnahmen und Tabellen subjektiv bleibt und nicht das ursprüngliche Material ersetzen kann.
Diese Auszüge mögen hier durch einige Bemerkungen ergänzt werden.

LEMÉES *Alneto-Caricetum remotae* zeigt in der Tat floristisch und ökologisch gute Übereinstimmung mit dem Bach-Eschenwald.

In den von ALLORGE (1922) beschriebenen „Erlenbeständen der Hänge
auf grünen Mergeln" weist das ausgesprochene Vorherrschen der Schwarzerle
vor der Esche im Verein mit der hohen Stetigkeit von *Salix cinerea* auf gewisse
Beziehungen, vielleicht genetischer Art, zum Erlenbruchwald *(Alnion)* hin.

LIBBERTS *Alnetum* der Waldbäche aus dem nördlichen Harzvorland
(1930) ist durch eine summarische Artenliste ohne quantitative Angaben belegt und läßt sich daher schwer beurteilen. Die Esche fehlt dort nicht; der
Standort an Bachufern scheint dem des Bach-Eschenwaldes zu entsprechen.

Die Quellmoor-*Alneten* aus dem Plönetal in der Neumark (LIBBERT
1938) zeigen einen Unterwuchs, der dem des Bach-Eschenwaldes auffallend
gleicht. Diese Bestände sollen unter dem Einfluß der Überrieselung durch
Quellwasser stehen. Die große Übereinstimmung in der Krautschicht würde
darauf hindeuten, daß die Lebensverhältnisse für die in der oberflächennahen

Bodenschicht wurzelnden Pflanzen ähnliche sind wie im Bach-Eschenwald. Falls nicht sonstige uns noch unbekannte (ökologische, forstliche, pflanzengeographische) Einflüsse das Zurücktreten der Esche veranlassen, könnte man an die Möglichkeit denken, daß die Wirkung der Überrieselung mit sauerstoffreichem Wasser vielleicht nur den obersten Bodenschichten ausreichend zugute kommt, ein Stagnieren in der Tiefe jedoch den Eschenwurzeln den ihnen notwendigen Luftsauerstoff verwehrt. Die Erle ist solchen Verhältnissen viel besser angepaßt.

Einen deutlichen Schritt weiter entfernt von unserem Bach-Eschenwald steht dann das *Alnetum glutinosae caricetosum remotae* in der Nordeifel (SCHWICKERATH 1944) mit einem Einschlag von *Alnion*-Arten (*Calamagrostis lanceolata, Carex laevigata*). Diese Gesellschaft (vgl. Auszug Nr. 31), weist nur „zeitweilige, langsam stattfindende Durchflutung" auf und besitzt ein Bodenprofil, das zu den organischen Naßböden gehört, allerdings mit schon sehr starker Zersetzung der organischen Masse.

Die Erlenwälder, die unter dem Einfluß bewegten Wassers stehen, wie außer den genannten etwa noch das *Alnetum glutinosae cardaminetosum* und *cratoneuretosum* der Verff., sind im Schrifttum oft als reine Erlenbruch-(*Alnion-*) Gesellschaften angesehen worden. Es wäre auf eine schärfere Unterscheidung zwischen Erlenbruchwäldern und Erlenauwäldern hinzuarbeiten.

MOOR (1938) hat ferner das *Alneto-Carpinetum* von ISSLER (1924, 1926) in Beziehung gesetzt zum *C. r.-Fraxinetum*. Jenes Entwicklungsglied zwischen grundwassernäheren und trockeneren Auenwäldern der elsässischen Oberrheinebene zeigt, obgleich manche Arten unserer Gesellschaft dort ebenfalls vorhanden sind, doch im ganzen einen anderen Charakter. Jene prächtigen Bestände des Illwaldes sind bekannt und berühmt wegen ihrer mächtigen Stieleichen, Feldulmen, Eschen und vielen anderen Laubholzarten.

RUNGE (1940) hat die an Flüssen und Bächen der Münsterschen Bucht in Westfalen aufgenommenen Bestände zwar unter dem Namen *Cariceto remotae-Fraxinetum* aufgeführt, sie aber andererseits mit Eichen-Hainbuchenwald-ähnlichen Auenwäldern aus dem Gebiet von Rhein und Weser identifiziert; die floristische Zusammensetzung kommt den letzteren in der Tat näher als dem Bach-Eschenwald.

Wenn OBERDORFER (1938, S. 226) bei der Besprechung des Bach-Eschenwaldes des Schwarzwaldes die Bemerkung einflicht: „Zweifellos hat der bachbegleitende Eschenwald sein Optimum in der Ebene und läßt sich aus artenreichen Erlen-Eschen-Auenwäldern der Rheinaue ableiten", so darf das nicht wörtlich verstanden werden. Wenn auch die Esche bei der Vegetationsentwicklung von den grundwassernäheren Erlen-Auenwäldern zu den höher über dem Grundwasser gelegenen Auwäldern mit Eichen und Hainbuchen eine Rolle spielt, so ist doch in dem ausgedehnten Auengelände der oberrheinischen Tiefebene nirgends ein *Cariceto remotae-Fraxinetum* nachgewiesen und auch nicht zu erwarten. Das *Cariceto remotae-Fraxinetum* ist nicht mit eschenreichen Sukzessionsstadien der Auenwälder in den Flußniederungen zu verwechseln; es bildet eine verhältnismäßig stabile Dauergesellschaft und ist innerhalb der Gruppe der Auenwälder diejenige Form, die den Bachtälchen des Hügel- und unteren Berglandes in Mitteleuropa angepaßt ist.

Eine Verbreitungskarte des Bach-Eschenwaldes können wir heute noch nicht geben, weil die Verbreitungsverhältnisse unseres Erachtens noch zu wenig feststehen bzw. es vorerst noch unsicher ist, welche Gesellschaften bei dieser Assoziation endgültig verbleiben werden.

74

B. Auszüge aus den einschlägigen Arbeiten.

VORBEMERKUNGEN ZUR NOMENKLATUR DER PFLANZENARTEN.

In Hinsicht auf den Bach-Eschenwald sind die folgenden Art-Synonyme zu beachten; einige der schon beim Schluchtwald (S. 20/21) aufgeführten Arten sind hier nicht wiederholt*).

———

*) Von ganz wenigen Ausnahmen abgesehen, wurde die von den Verfassern gebrauchte Nomenklatur auch dann beibehalten, wenn Herausgeber und Schriftleiter mit derselben nicht vollkommen einverstanden sind.

Ulmus effusa Willd. = *U. laevis* Pallas
Stellaria uliginosa Murr. = *St. Alsine* Grimm
Cardamine flexuosa With. = *C. sylvatica* Link
Ribes rubrum L. = *R. silvestre* Mert. et Koch
Myosotis palustris (L.) Nath. = *M. scorpioides* L. em. Hill
Potentilla Fragariastrum Ehrh. = *P. sterilis* (L.) Garcke.

1. ARBEITEN ÜBER DEN BACH-ESCHENWALD.
(Auszüge Nr. 1—37.)

KOCH 1, 1926, S. 129—130, 131—132.

Abhänge zur Linth-Ebene (zwischen Züricher und Walensee).

Cariceto remotae-Fraxinetum, Carex remota-Fraxinus excelsior-Assoziation.

Summarische Artenliste ohne quantitative Angaben auf Grund weniger, nicht mitgeteilter Aufnahmen. I: *Fraxinus excelsior* (vorherrschend), *Picea excelsa, Betula verrucosa.* II: *Viburnum Opulus, Corylus Avellana* u. a. III: Char.-Arten: *Carex remota, C. strigosa, C. pendula, Chrysosplenium alternifolium,* Diff.-Arten gegenüber dem *Fagetum: Equisetum maximum, Carex acutiformis, Deschampsia caespitosa, Caltha palustris, Cardamine amara, Impatiens Noli-tangere.* Begleiter: *Milium effusum, Festuca gigantea, Bromus ramosus, B. r. ssp. Beneckeni, Carex silvatica, Ranunculus Ficaria, Anemone nemorosa, Primula elatior, Lysimachia nemorum, Veronica montana* u. a.

Standort: Bodenrinnen und Bachränder im Buchenwald bewohnend. Auf wasserdurchtränktem Humus über einer Grundlage undurchlässigen Glaziallehmes oder Molassemergels. Verbreitet, aber selten größere Flächen deckend.

Nächste verwandtschaftliche Beziehungen zum *Alnetum incanae.* Der Schluchtwald KELHOFERS (1915) und GRADMANNS (1900) sollte mindestens in das *Cariceto remotae-Fraxinetum* und den *Acer Pseudoplatanus-Fraxinus*-Wald aufgelöst werden.

FABER 2, 1936, S. 37—38, 42 ff.

Schwäbisch-fränkisches Stufenland und Alb.

Cariceto remotae-Fraxinetum KOCH 1926.

2 Aufn. aus Franken in Tab. Nr. 6 auf S. 42 ff. Diff.-Arten gegenüber dem Buchen- und dem Schluchtwald: *Viburnum Opulus, Carex remota, C. muricata, Deschampsia caespitosa, Festuca gigantea, Equisetum silvaticum, Geum urbanum, Caltha palustris, Chrysosplenium alternifolium, Equisetum maximum, Lysimachia Nummularia, Valeriana dioica, Agrostis alba, Alnus glutinosa, Ajuga*

reptans, Athyrium Filix-femina, Catharinaea undulata. Ferner *Geranium Robertianum, Scrophularia nodosa, Circaea lutetiana, Impatiens Noli-tangere, Primula elatior, Bromus ramosus, Dryopteris Filix-mas, Glechoma hederacea, Carex silvatica, Milium effusum, Acer Pseudoplatanus, Corylus, Angelica silvestris, Oxalis Acetosella, Mnium undulatum.*

Baumschicht: vorherrschend Esche, ohne Buche; Schwarzerle und Bergahorn vorhanden. In der Krautschicht zartblättrige, hygrophile Arten hervortretend. Gewisser Gehalt an säureliebenden Arten.

Die Herauslösung des *Cariceto remotae-Fraxinetum* aus dem Schluchtwald von GRADMANN 1900 und KELHOFER 1915 durch KOCH 1926 besteht zu Recht. Der Standort ist im Gegensatz zum Schluchtwald ohne Steinüberschüttung. Auf wasserdurchtränktem Humus über einer Grundlage von undurchlässigem Lehm oder Mergel. Nasse Bachränder in nur schwach geneigtem Gelände, z. B. im fränkischen Muschelkalk-Gebiet in weiten Schluchten oft auf der Sohle, während die steinigen Steilhänge Schluchtwald tragen. Im Keupergebiet häufig, in der Alb nur geringe Rolle spielend.

Häufige Übergänge zum *Fagetum fraxinetosum* auf oberflächlich entkalktem, wasserdurchtränktem, oft etwas verlehmtem Boden; die Standortsbedingungen sind hier zugunsten der Buche verschoben.

TÜXEN 3, 1937, S. 149—151.

Nordwestdeutschland.

Cariceto remotae-Fraxinetum (KOCH 1926) TX. 1937, Bacheschenwald.

Sammeltabelle aus 32 Aufn. mit Stetigkeits- u. Mengenangabe. Char.-Arten: *Fraxinus excelsior, Carex remota, Impatiens Noli-tangere, Rumex sanguineus, Veronica montana, Carex strigosa.* Char.-Arten des übergeordneten *Fraxino-Carpinion*-Verbandes (wie alle folgenden Arten nach abnehmender Stetigkeit geordnet): *Stachys silvaticus, Festuca gigantea, Primula elatior, Geum urbanum, Stellaria Holostea, Aegopodium Podagraria, Circaea alpina* et *intermedia, Equisetum silvaticum, Brachypodium silvaticum, Eurhynchium striatum, Catharinaea undulata, Stellaria nemorum* ssp. *montana* und weitere mit geringster Stetigkeit. Char.-Arten der Ordnung *Fagetalia* [einschl. übergreifende Char.-Arten des *Fagion*-Verbandes]: *Circaea lutetiana, Carex silvatica, Viola silvestris, Asperula odorata, Lamium Galeobdolon, Milium effusum, Epilobium montanum, Mycelis muralis, Fagus silvatica, Arum maculatum, Anemone nemorosa, Sanicula europaea, Moehringia trinervia* und einige andere geringster Stetigkeit. Begleiter: *Ranunculus repens, Geranium Robertianum, Urtica dioica, Athyrium Filix-femina, Oxalis Acetosella, Hedera Helix, Glechoma hederacea, Mnium undulatum, Deschampsia caespitosa, Filipendula Ulmaria, Alnus glutinosa, Galium Aparine, Lysimachia nemorum, Crepis paludosa, Ajuga reptans, Valeriana officinalis* et *sambucifolia, Equisetum arvense* f. *nemorosum, Galium palustre, Valeriana dioica* u. a.

Die Gesellschaft kommt in 2 Subassoziationen vor:

Cariceto remotae-Fraxinetum (KOCH 1926) *caricetosum pendulae* TX. 1937, Seggenreicher Bach-Eschenwald.

Diff.-Arten: *Carex pendula, Scutellaria galericulata, Equisetum maximum, Brachythecium rutabulum, Scrophularia nodosa.*

S t a n d o r t : „Auf der periodisch überschwemmten schmalen Aue kalkführender Bäche in mittleren Höhenlagen bis zur *Fagion*-Stufe hinauf. Im Gebiet des typischen *Querceto Roboris-Betuletum* fehlend. Auf der baltischen

Jungmoräne sehr häufig in Quellnischen und -rinnen. Boden sehr naß. A sehr humos, meist schwarz, 10—15 cm mächtig. Darunter G."

Cariceto remotae-Fraxinetum (KOCH 1926) *chrysosplenietosum* TX. 1937, Milzkrautreicher Bach-Eschenwald.

Diff.-Arten: *Chrysosplenium oppositifolium, Poa trivialis, Chrysosplenium alternifolium, Acer Pseudoplatanus, Ranunculus Ficaria.* Die Aufn. dieser Subass. enthalten keine *Carex strigosa.*

S t a n d o r t : Weniger kalkreiches, nicht so stark strömendes, sauerstoffhaltiges Wasser als bei voriger Subass., oft mit dem *Cardaminetum amarae* vermischt.

FABER 4, 1937, S. 18, 31.

Mittleres Neckar- u. Ammertalgebiet (Württemberg).

Cariceto remotae-Fraxinetum W. KOCH 1926, Bachtälchenwald.

Keine Aufn. mitgeteilt. Als bezeichnend werden genannt: *Fraxinus, Viburnum Opulus, Carex remota, Deschampsia caespitosa, Equisetum silvaticum, Festuca gigantea, Athyrium Filix-femina.*

Selten in guter Ausprägung vorhanden; nachweisbar z. B. im Gebiet des Spitzberges bei Tübingen. Meist ist die Ges. mit dem feuchten Eichen-Hainbuchenwald *Querceto-Carpinetum alnetosum (= fraxinetosum)* durchmischt. Verwischte Reste des *Cariceto remotae-Fraxinetum* wurden zusammen mit etwaigen *Alnion*-Bruchstücken, unter der Kartierungsfarbe des *Querceto-Carpinetum alnetosum* eingetragen.

HARTMANN 5, 1937, S. 632—633.

Holsteinisches Jungdiluvium, Forstamt Reinfeld.

E s c h e n - B r u c h w a l d .

Nicht rein, sondern in Durchdringung mit dem *Querceto-Carpinetum stachyetosum.* An Arten der Krautschicht sind aufgezählt: *Carex remota, Ranunculus Ficaria, Urtica dioica, Equisetum silvaticum, Impatiens Noli-tangere, Veronica montana, Primula elatior, Stellaria nemorum, St. Holostea, Festuca gigantea, Deschampsia caespitosa, Anemone nemorosa, A. ranunculoides, Geum urbanum, Stachys silvaticus, Crepis paludosa, Glechoma hederacea, Athyrium Filix-femina, Arum maculatum, Paris.* Verwandtschaft zum *Cariceto remotae-Fraxinetum.*

Auf der farbigen Vegetations- und Bestandestypen-Karte im Maßstab 1 : 6000 ist ein „Eschenbruch mit *Carex remota* und *Veronica montana* in Durchdringung mit feuchtem Eichen-Hainbuchenwald" ausgeschieden. „Edellaubholz-Typ".

FEUCHT 6, 1937, S. 34.

Südwestdeutschland.

E s c h e n - W a l d *(Cariceto remotae-Fraxinetum).*

In einer vorläufigen Zusammenfassung des neueren Schrifttums zur Frage der natürlichen Waldgesellschaften (Assoziationen) in Südwestdeutschland wird unter den mesophilen Laubwäldern („*Fagion*-Verband") nach FABER (1933) auch der Eschen-Wald (auch Bachtälchen-Wald; nach *Carex remota* benannt) aufgezählt.

BUCK-FEUCHT 7, 1937, S. 46.
Württemberg.

Cariceto remotae-Fraxinetum.

Die für württembergische Bestände in Betracht kommenden Char.-Arten
der Ass. und der 2 Subass. *caricetosum pendulae* und *chrysosplenietosum* werden
nach TÜXEN (1937, S. 149—151) aufgezählt.

An L i t. wird angegeben: TÜXEN (1937), KUHN (1937), FABER (1936),
GRADMANN (1936, „Schluchtwald des braunen Jura").

KUHN 8, 1937, S. 290.
Neckargebiet der Schwäbischen Alb.

Eine Aufn. eines „*Elymus europaeus-Fagetum*" bei Münsingen, das „mit
einer Sumpfflora vom Charakter des Auenwaldes kämpft", enthält: *Viburnum
Opulus, Deschampsia caespitosa, Caltha palustris, Carex remota, Circaea lutetiana, Lysimachia nemorum, Chrysosplenium alternifolium, Polygonum Bistorta,
Asperula odorata, Asarum europaeum, Geranium Robertianum, Festuca gigantea, Juncus effusus;* ferner vereinzelt: *Scirpus silvaticus, Rumex conglomeratus*
und *obtusifolius, Epilobium montanum, Stachys silvaticus, Primula elatior,
Geum urbanum, Galium palustre.* An Moosen: *Mnium undulatum* und *Brachythecium rutabulum.*

S t a n d o r t : Auf kalkfreiem, schwer durchlässigem Lehm der Alb-Hoch-
fläche innerhalb des *Elymus europaeus-Fagetum.*

[Dieser Bestand kann als ein bruchstückhaft ausgebildetes *Cariceto remotae-
Fraxinetum* gedeutet werden; vgl. auch die an wasserzügigen Stellen des *Elymus-
Fagetum* eingestreuten Arten *Circaea lutetiana, Stachys silvaticus, Deschampsia
caespitosa, Viburnum Opulus!*]

CHRISTIANSEN 9, 1938, S. 89—90, 99.
Schleswig-Holstein.

Cariceto remotae-Fraxinetum W. KOCH, Eschenwald, als Subass. *chrysosplenietosum* TX., Milzkraut-Bacheschenwald, ausgebildet.

Aufnahme-Material nicht mitgeteilt. Aufzählung der Char.-Arten: *Fraxinus,
Carex remota, Impatiens Noli-tangere, Rumex sanguineus, Veronica montana,
Carex strigosa.* Diff.-Arten der Subass.: *Chrysosplenium oppositifolium, Ch.
alternifolium, Poa trivialis, Ranunculus Ficaria.*

S t a n d o r t : Auf sehr nassem, humosem, schwarzem Boden der Jungmoräne in Quellnischen und -rinnen; oft mit einem *Cardaminetum amarae*
durchsetzt oder an dieses, welches die tiefste Stelle des Sumpfgeländes um eine
Quelle einnimmt, außen anschließend.

FEUCHT 10, 1938, S. 298.
Forstbezirk Solitude bei Stuttgart (Württemberg).

Cariceto remotae-Fraxinetum, Bachtälchen-Eschen-Wald.

Nach der Übersicht der im Forstbezirk Solitude (Stand von 1938) vertrete-
nen Waldgesellschaften enthält diese Ges. an Char.-Arten: *Fraxinus excelsior,
Carex remota, Impatiens Noli-tangere* und *Equisetum silvaticum.* Für die Subass. Milzkraut-Wald *(Cariceto remotae-Fraxinetum chrysosplenietosum)* werden

als Diff.-Arten genannt: *Chrysosplenium alternifolium* und *oppositifolium,
Ranunculus Ficaria, Acer Pseudoplatanus.*

S t a n d o r t : Quellhorizonte mit fließendem Wasser im mittleren Keuper;
AC- bis AG-Profil.

Die für diese Standorte forstlich zulässigen Holzarten sind Esche, Schwarzerle und auch Fichte.

MOOR 11, 1938, S. 422—423, 455, 458—459, 462.

NW-Schweiz, Mittel- u. Westeuropa.

Cariceto remotae-Fraxinetum (KOCH 1926) TX. 1937; Bach-Eschenwald.

Die Vergleichstabelle der *Fagetalia*-Wälder auf S. 422—423 zeigt in Spalte O
die Zusammensetzung der Ges. auf Grund von 7 Aufn. aus der NW-Schweiz.
Hygrophile Ges. des *Fraxino-Carpinion,* gekennzeichnet durch die 3 *Carex*-
Arten *C. remota, C. pendula* und *C. strigosa* und das einseitige Vorherrschen
der Esche in der Baumschicht, zu der sich bisweilen die Warzen-Birke und die
Schwarz-Erle hinzugesellen. Hainbuche und Buche fehlen mindestens in der
Baumschicht fast ganz. Üppige Entfaltung der *Fraxino-Carpinion*-Arten; von
diesen treten *Circaea lutetiana, Glechoma hederacea* und *Stachys silvaticus* in
großen Mengen auf; weitere Verb.-Char.-Arten, nach abnehmender Stetigkeit
geordnet, sind: *Primula elatior, Festuca gigantea, Geum urbanum, Viburnum
Opulus, Brachypodium silvaticum, Impatiens Noli-tangere, Arum maculatum,
Scrophularia nodosa, Evonymus europaea, Rubus caesius, Aegopodium Podagraria.* Übergreifende Char.-Arten des *Fagion: Veronica montana, Asperula
odorata, Lysimachia nemorum, Phyteuma spicatum, Abies alba.* Char.-Arten der
Ordnung *Fagetalia: Lamium Galeobdolon, Carex silvatica, Acer Pseudoplatanus, Milium effusum, Pulmonaria officinalis* u. andere mit geringster Stetigkeit.

In der N-Schweiz 2 Varianten (Fazies oder Subass.?): Eine kalkreiche Var.
mit *Acer Pseudoplatanus, Viburnum Opulus, Equisetum maximum, Chrysosplenium alternifolium;* eine kalkarme Var. mit *Impatiens, Chrysosplenium oppositifolium* und üppiger *Carex strigosa.*

Die „aulnaie des pentes sur marnes vertes" [Erlenwald der Hänge auf
grünen Mergeln] von ALLORGE (1922, S. 206—208, Aufn. Nr. 15—21) stimmt
mit dem *Cariceto remotae-Fraxinetum* der NW-Schweiz überein, besonders die
Aufn. 16 und 17 mit *Carex strigosa,* mit dem Unterschied, daß im Vexin français
Alnus glutinosa vorherrscht, weshalb ALLORGE seine Ges. dem *Alnetum glutinosa* [„aulnaie"] zugeordnet hat. Die nassen Enklaven im Buchenwald in Mulden und auf Waldwegen jenes Gebietes (ALLORGE 1922, S. 209 u. 213) stimmen mit dem *Cariceto remotae-Fraxinetum* Mitteleuropas völlig überein.

Die von KUHN (1937, S. 290) erwähnten wasserzügigen, lehmigen Stellen
im *Elymus-Fagetum* der Schwäbischen Alb mit den vorherrschenden Arten
*Deschampsia caespitosa, Carex remota, Caltha palustris, Circaea lutetiana,
Lysimachia nemorum* u. a. sind ebenfalls zum *Cariceto remotae-Fraxinetum* zu
ziehen.

Das *Alneto-Caricetum remotae* von LEMÉE (1937, S. 338—342) ist als
atlantische Variante des *Cariceto remotae-Fraxinetum* aufzufassen. Jene Ges.
des Perche in NW-Frankreich wurde von LEMÉE dem Verband *Alnion glutinosae* zugeordnet.

Das *Alneto-Carpinetum* von ISSLER (1924, S. 29; 1926, S. 159—160, 164
bis 168) wird von MOOR (1938, S. 455) als ein Gemisch von *Cariceto remotae-*

Fraxinetum und *Alnetum glutinosae* aufgefaßt, mit *Carex strigosa, Ribes rubrum, Agropyrum caninum, Hypericum maculatum* ssp. *Desetangsii, Rumex sanguineus.*

W e i t e r e   L i t.: SCHMID, DÄNIKER und BÄR 1937, S. 354.

OBERDÖRFER 12, 1938, S. 226—227, 234—236.

Blatt Bühlertal-Herrenwies (N-Schwarzwald).

Cariceto remotae-Fraxinetum, Bachbegleitender Eschenwald, nasser Eschenwald.

2 Aufn. in der Tab. S. 234—236 aus 450 m Meereshöhe. Diff.-Arten gegenüber dem Buchen-Tannenwald: *Alnus glutinosa, Impatiens Noli-tangere, Carex pendula, Circaea intermedia, Carex remota, Chrysosplenium oppositifolium, Stellaria uliginosa, Urtica dioica, Chaerophyllum hirsutum, Valeriana officinalis, Galium palustre, Deschampsia caespitosa, Lysimachia vulgaris, Chrysosplenium alternifolium.* Verb.- u. Ordn.-Char.-Arten: *Festuca silvatica, Lysimachia nemorum, Asperula odorata, Milium effusum, Lamium Galeobdolon,* . . . *Veronica montana, Stellaria nemorum, Circaea lutetiana, Stachys silvaticus* u. a. Unter den Begleitern: *Athyrium Filix-femina, Geranium Robertianum, Ajuga reptans* u. a.

S t a n d o r t : Ein Bodenprofil (Glei-Profil) auf S. 226 mitgeteilt. Granitunterlage.

„Zweifellos hat der bachbegleitende Eschenwald sein Optimum in der Ebene und läßt sich leicht aus artenreichen Erlen-Eschenauenwäldern der Rheinaue ableiten." „Die Verarmung der Ass. in der mittleren Bergstufe ist . . . die rein äußerliche Folge der Verteilung und Verschmälerung der Wasseradern . . . Der Eschenwaldtyp verliert sich z. T. ganz im feuchten Buchen-Tannenwald." Nach oben Übergang in hochstaudenreiche Gesellschaften.

Die häufige forstliche Umwandlung der Ges. in Fichtenbestände „ist eine vom soziologischen Standpunkt aus zu verantwortende Maßnahme".

KÄSTNER 13, 1938, S. 106—112.

Westsächsisches Berg- und Hügelland

(Gebiet der Freiberger und Zwickauer Mulde).

Cariceto remotae-Fraxinetum, Gesellschaft der Winkelsegge unter Eschen.

Tab. mit 14 Aufn., dazu einige Einzel-Aufn. Char.-Arten nach abnehmender Treue geordnet: *Poa remota, Carex remota, Carex pendula, Chrysosplenium oppositifolium* und *alternifolium, Impatiens Noli-tangere, Mnium undulatum.* Stete Begleiter: *Athyrium Filix-femina, Dryopteris austriaca, Carex silvatica, Urtica dioica, Stellaria nemorum, Ranunculus repens, Filipendula 'Ulmaria, Geranium Robertianum, Oxalis Acetosella, Chaerophyllum hirsutum, Lysimachia nemorum, Myosotis palustris, Lamium Galeobdolon, Ajuga reptans, Stachys silvaticus, Veronica montana, Senecio nemorensis* ssp. *Fuchsii, Crepis paludosa.* Kennzeichnende Begleiter, wenig erfaßt: *Fraxinus excelsior, Mnium punctatum, Epilobium montanum, Primula elatior, Galium palustre, Valeriana sambucifolia.* Unter Begleitern „minderen Ranges": *Equisetum silvaticum, Deschampsia caespitosa, Poa trivialis, Scrophularia nodosa, Rumex obtusifolius, Scutellaria galericulata, Milium effusum.* Baumschicht: *Fraxinus excelsior* (infolge Fichtenkultur wenig), *Alnus glutinosa* (in 1 Einzel-Aufn.), *Picea excelsa* (künstlich angepflanzt).

U n t e r g l i e d e r u n g in 2 Formen:

Cariceto remotae-Fraxinetum submontanum, in 520 bis 760 m ü. M., bildet den Typus der Ges. Unterscheidungsarten: *Poa remota, Luzula silvatica, Cardamine amara* und *flexuosa, Circaea alpina* bzw. *intermedia, Lonicera nigra, Sambucus racemosa.*

Cariceto remotae-Fraxinetum collinum, im Hügelland von 170 bis 330 m. Unterscheidende Arten: *Festuca gigantea, Caltha palustris, Circaea lutetiana.*

S t a n d o r t : Dauerges. an Bachufern und quelligen Stellen im Buchen-Hochwald, meidet auch nicht entsprechende Standorte im Fichten-Buchen-Mengwald und im reinen Fichtenwald, was wohl mit der Verdrängung der ursprünglichen Holzarten durch die Fichte zusammenhängt; daher auch verhältnismäßig wenig Esche in den Aufn. vorhanden. Lebhafte Fließbewegung des Bodenwassers, schwache bis mäßige Beschattung. Boden der Aufn.-Flächen z. T. steinig.

Beobachtungen über Aspektfolge S. 112. Geblätt von den beiden Milzkräutern, Kriechendem Hahnenfuß, Günsel, Ruprechtskraut und Sumpf-Labkraut überdauert den Winter. Wegen des Lichtmangels kommen die folgenden Arten nur vereinzelt zum Blühen und zeichnen sich durch Bildung vergrößerter Schattenblätter aus: *Caltha, Ranunculus repens, Geranium Robertianum, Primula elatior, Ajuga reptans, Galium palustre, Cardamine amara* (diese ist optimal entwickelt im voll belichteten *Cardaminetum amarae).*

Infolge der Fichtenkultur und der damit zusammenhängenden Rohhumusbildung dringt *Carex brizoides* als abbauende Art leicht in die Ges. vor.

HORVAT 14, 1938, S. 214, Tab. S. 220, 228—229, 265, 271—272, 275.
Kroatien.

Cariceto remotae-Fraxinetum aus dem Gebiet selbst nicht nachgewiesen. Verf. spricht sich gegen eine Vereinigung des *Querceto-Carpinetum* und feuchtigkeitsliebender Gesellschaften, .wie das *Cariceto remotae-Fraxinetum,* in e i n e m Verband, *Fraxino-Carpinion* TX. 1936, aus. Das *Cariceto remotae-Fraxinetum* weist klare verwandtschaftliche Beziehungen zum *Querceto-Genistetum elatae,* dem slawonischen Stieleichenwald der Überschwemmungsgebiete der Save auf, besonders zu dessen Subass. von *Carex remota,* wie die Vergleichstabelle VI auf S. 220 (beachte letzte Spalte) zeigt. Sind die im nordschweizerischen und nordwestdeutschen *Cariceto remotae-Fraxinetum* z. T. reichlich auftretenden *Fagetalia*-Arten, die im *Querceto-Genistetum elatae* ganz zurücktreten, auf Mischung oder auf Sukzession zurückzuführen? Vorschlag zur Vereinigung des *Cariceto remotae-Fraxinetum* und *Querceto-Genistetum elatae* unter dem*Alnion incanae* PAWŁOWSKI 1928 bzw. dem *Alnio-Quercion Roboris* HORVAT 1937.

BÜKER 15, 1939, S. 86.
Meßtischblatt Lengerich (Teutoburger Wald).

Cariceto remotae-Fraxinetum (KOCH 1926) TX. 1937.

Als Beispiel eine Aufn. aus einem Bachtälchen bei Iburg (Teutoburger Wald) auf Lößlehmuntergrund: *Fraxinus* (Menge 4), *Picea* (gepflanzt), *Fraxinus*-Keimlinge, *Rubus idaeus, Sorbus aucuparia, Carex remota, Equisetum maximum, E. silvaticum, Chrysosplenium oppositifolium, Stachys silvaticus,*

Mycelis muralis, Scutellaria galericulata, Athyrium Filix-femina, Glyceria fluitans, Ranunculus repens, Dryopteris austriaca, Galium palustre, Geranium Robertianum, Lysimachia nemorum, Ajuga reptans, Dicranella heteromalla, Mnium cuspidatum, Catharinaea undulata.

Die Gesellschaft begleitet vorzugsweise die schmalen, zeitweise überschwemmten Bachauen, besonders in den Tälern des Lößlehmgebietes im Teutoburger Wald. Auf der Kartenskizze „Ehemaliger Waldzustand im Untersuchungsgebiet", Maßstab 1 : 60.000, folgt die Ges. z. B. allen Bächen südlich von Hagen. Heute ist sie im Gebiet des Meßtischblattes Lengerich nur noch in stark gestörten, z. T. mit Fichten aufgeforsteten Beständen vorhanden.

An quelligen Stellen Durchdringungen mit dem *Cardaminetum amarae.*

ROLL 16, 1940, S. 82—84.

Flensburger Förde (Holstein).

Cariceto remotae-Fraxinetum, Eschenschluchtwald, meist in der Variante von *Equisetum maximum.*

Tab. mit 4 Aufn. Char.-Art: *Cornus sanguinea* [?]. Diff.-Arten gegen das *Fagetum: Equisetum maximum, Impatiens Noli-tangere, Deschampsia caespitosa.* An Begleitern mehrfach vorhanden: *Tussilago Farfara, Phragmites, Urtica dioica, Ranunculus repens, Epilobium roseum, Eupatorium cannabinum, Brachypodium silvaticum;* einmal vorhanden: *Cirsium oleraceum, Galium palustre, G. Aparine, Geranium Robertianum, Valeriana sambucifolia, V. dioica, Equisetum palustre, Agrostis alba-prorepens* und einige fremde Arten. — Die Ges. ist arm an Charakterarten. Sie ähnelt in der Ausnützung des Raumes und in der dichten Vegetationsbedeckung dem *Alnetum cratoneuretosum, impatientetosum* und *cardaminetosum.*

S t a n d o r t : Schluchten und Nischen des Steilhanges am Westufer der Flensburger Förde, in denen stark ockerhaltige Quellen zutage treten. Immer an sehr eng begrenzten Biotopen, umgeben vom *Fagetum.* Die Tab. umfaßt eine Auswahl aus verhältnismäßig baumarmen Beständen; zwei Aufn. sind gut belichtet, eine vom angrenzenden Buchenwald her stark beschattet. Die Beschattung fördert anscheinend die Entwicklung.

SCHLENKER 17, 1939, S. 110—111.

Württembergisches Unterland.

Cariceto remotae-Fraxinetum, Bachtälchenwald

Im Schema der Regional- (= Großklima-) und der Standortgesellschaften ist der Bachtälchenwald im äußersten Ring, d. h. als Standortgesellschaft mit extremen Bodenverhältnissen angeführt. Er besiedelt nassen Boden mit $\pm$ bewegtem, Sauerstoff-reichem Wasser an Bachrändern und quelligen Hängen. Im Gegensatz zum steinüberschütteten Schluchtwald meist über Lehm- oder Mergelunterlage. Unabhängig von Kalkunterlage.

SCHLENKER 18, 1940, S. 63.

Blatt Bietigheim/Württemberg.

Das *Cariceto remotae-Fraxinetum* fehlt im Gebiet des Kartenblattes ganz.

ROLL 19, 1940, S. 429—430, 441, 443, 458, 461.

Holstein.

Cariceto remotae-Fraxinetum, Bacheschenwald.

1 Aufn. (vermutlich Subass. *caricetosum pendulae* TX. 1937) von einem quelligen Hang am Ratzeburger See (Quelle vom Typus einer „Rheokrene"), inmitten von Buchenwald gelegen, mit: *Fraxinus, Acer Pseudoplatanus, Impatiens Noli-tangere, Carex remota, Equisetum maximum, Aegopodium Podagraria, Carex silvatica, Arum maculatum, Galium Aparine, Geranium Robertianum, Urtica dioica* u. a. [außer Buchenwaldarten auch einige Fremde wie *Scrophularia alata*], *Brachythecium rivulare, Eurhynchium Schleicheri*.

1 weitere, weniger übereinstimmende Aufn. vom Vierersee bei Plön. Die Ges. ist nach TÜXEN (1937) und CHRISTIANSEN (1938) verbreitet an quelligen Stellen der baltischen Jungmoräne, nach CHRISTIANSEN oft am äußeren Rand der Quellen in Holstein.

BARTSCH 20, 1940, S. 15, 182—184.

Schwarzwald.

Cariceto remotae-Fraxinetum, bachbegleitender Eschenwald.

Tab. aus 6 Aufn. aus 230—760 m Meereshöhe. Char.-Arten: *Fraxinus excelsior, Carex remota, Impatiens Noli-tangere, Veronica montana* (nicht erfaßt). Char.-Arten des *Fraxino-Carpinion* (diese wie alle folgenden Arten nach Stetigkeit geordnet): *Stachys silvaticus, Geum urbanum, Circaea alpina, Festuca gigantea, Acer Pseudoplatanus, Catharinaea undulata, Stellaria nemorum, Carex pendula, Brachythecium silvaticum, . . . Cardamine flexuosa.* Char.-Arten der *Fagetalia* [und des *Fagion*]: *Carex silvatica, Circaea lutetiana, Lamium Galeobdolon, Fagus silvatica, Epilobium montanum, Milium effusum, Abies alba, . . . Scrophularia nodosa.* Begleiter: *Lysimachia nemorum, Geranium Robertianum, Valeriana officinalis, Athyrium Filix-femina, Urtica dioica, Chrysosplenium oppositifolium, Rumex obtusifolius, Ajuga reptans, Deschampsia caespitosa, Alnus glutinosa, . . . Mnium undulatum, Chaerophyllum hirsutum, Galium palustre, Chrysosplenium alternifolium, Scutellaria galericulata, Crepis paludosa, Prenanthes purpurea . . .* Veget.-Bedeckung hoch. Krautschicht zweischichtig aus hohen Stauden, Gräsern und *Cyperaceen* (mit oft geselligem Wuchs) und niederen Arten darunter. Gehalt an stickstoffliebenden Arten.

Die Aufn. entsprechen teils mehr dem *Cariceto remotae-Fraxinetum chrysosplenietosum* TX. (Nr. 1—4), teils zeigen sie Anklänge an die Subass. *caricetosum pendulae* TX. (Nr. 5—6 mit *Carex pendula* und *Scutellaria galericulata*).

Verbreitung und Standort: Dauergesellschaft in der Klimaxstufe des *Abieteto-Fagetum*, die die zahlreichen Waldbäche des Schwarzwaldes begleitet; auch in wasserzügigen Rinnen. Meist nur in schmalen Streifen auf der Sohle der Bachtälchen entwickelt, von den angrenzenden Waldgesellschaften bedrängt und daher in der Baumschicht wenig rein. Boden stets wasserdurchtränkt, nach Regengüssen durch die anschwellenden Bäche manchmal überschwemmt, sauerstoffreich infolge der Wasserbewegung. 4 pH-Messungen auf Granitunterlage ergaben Werte von 5,9 bis 5,1 (gegen pH = 5,1—3,3 im Tannen-Buchen-Klimaxwald). Boden stickstoffreich. An überrieselten Stellen Durchdringungen mit dem *Cardaminetum amarae*. In höheren Lagen können sich subalpine Hochstauden aus dem *Acereto-Fagetum* einmischen, von denen *Chaerophyllum hirsutum* tief hinabsteigt.

BARTSCH 21, 1941, S. 78 [= 1941 a].
Schwarzwald.

Der Standort des *Cariceto remotae-Fraxinetum* (Bach-Eschenwald) ist nachhaltig, verhältnismäßig unempfindlich gegen den Einfluß der künstlich angebauten Fichte; diese Holzart ist hier infolge der tieferen Lagen jedoch anfällig.

BARTSCH 22, 1941, S. 142 [= 1941 b].
Schwarzwald.

Cariceto remotae-Fraxinetum, Bach-Eschenwald.

Als Dauergesellschaft auf dem Boden der Bachtälchen; von unten her in die mittlere Höhenstufe (Klimaxgebiet des *Abieteto-Fagetum)* aufsteigend.

KÄSTNER 23, 1941, S. 139—143, 155 ff.
Westsächsisches Berg- und Hügelland.

Verf. löst aus dem bisherigen *Cariceto remotae-Fraxinetum* ein „*Caricetum remotae*" als baumfreie, selbständige Ass. der Ordnung der Quellfluren heraus, wodurch das *Cariceto remotae-Fraxinetum* hinfällig werden soll. Die Selbständigkeit der Ass. „wird erhärtet durch die Eigenart ihrer Lebensformen- und Arealtypenbilder und durch zahlreiche Hinweise auf tatsächliche oder nur vermutete Anpassungserscheinungen ihrer ordentlichen Mitglieder an ihren Lebensraum".

Caricetum remotae, Laubwaldsumpfgesellschaft.

Tabellen der einzelnen Ausbildungsformen der Ges. mit zusätzlicher Angabe der Lebensform und der Arealziffer der Einzelarten nach WANGERIN (1935). Als Char.-Arten dieser Quellflurges. und des übergeordneten Verbandes *Caricion remotae* (aus den *Montio-Cardaminetalia)* sind gewertet: *Mnium undulatum, Festuca gigantea, Poa remota, Carex remota, C. pendula, Stellaria nemorum, Chrysosplenium oppositifolium* und *alternifolium, Impatiens Noli-tangere, Circaea intermedia* und *alpina, C. lutetiana, Lysimachia nemorum, Stachys silvaticus, Veronica montana.* Zu den Char.-Arten gehören vielleicht auch *Mnium punctatum, Fegatella conica, Trichocolea tomentella, Carex caespitosa, Valeriana sambucifolia.* Zu den „ordentlichen Vereinsmitgliedern" zählen ferner: *Cardamine amara, C. flexuosa, Carex silvatica, Athyrium Filix-femina, Ranunculus repens, Myosotis palustris, Urtica dioica, Geranium Robertianum, Ajuga reptans, Crepis paludosa, Mnium hornum, Agrostis alba, Filipendula Ulmaria, Chaerophyllum hirsutum, Brachythecium rivulare, Deschampsia caespitosa, Poa trivialis, Juncus effusus, Stellaria uliginosa, Caltha palustris, Viola palustris, Galium palustre.* Aus den angrenzenden Waldgesellschaften eindringende Arten: *Oxalis Acetosella, Senecio nemorensis* ssp. *Fuchsii, Equisetum silvaticum, Milium effusum, Anemone nemorosa, Lamium Galeobdolon, Glechoma hederacea, Scrophularia nodosa* u. a.

Viele bisher als Char.-Arten des *Fraxino-Carpinion* und der übergeordneten Einheiten gewertete Pflanzen sind Char.-Arten der baumfreien Laubwaldsumpfgesellschaft aus dem Quellflur-Verband; für jene *Fraxino-Carpinion*-Wälder sind sie dagegen nur als Begleiter zu werten und stellen eine oft als Diff.-Arten verwendbare Gruppe dar. Diese Char.-Arten des *Caricetum remotare* dürfen zugleich als Char.-Arten des *Alnetum glutinosae* von MEIJER-DREES (1936), TÜXEN (1937), LIBBERT (1938) gelten, weil *Caricetum remotae* und *Alnetum glutinosae* auf verschiedene Höhenstufen beschränkt sind.

Caricetum remotae montanum, die Berglandsform der Laubwaldsumpf-Ges.; sie bildet die Hauptform; im Gebiet des erzgebirgischen *Abieteto-Fagetum.* Tab. mit 6 Aufn. aus 520—800 m. Unterscheidungsarten: *Cardamine amara, Luzula silvatica, Cardamine flexuosa.* Eine Variante mit *Poa remota* ist auf den östlichen Teil des oberen Erzgebirges beschränkt. Tab. aus 5 Aufn. in 420—730 Meter Höhe.

Caricetum remotae collinum, Hügellandsform; im Gebiet des Eichen-Hain-buchenwaldes. Tab. mit 17 Aufn. aus 130—370 m Höhe. Unterscheidungsarten: *Festuca gigantea, Trichocolea tomentella, Circaea lutetiana, Carex silvatica, Glyceria fluitans.* Artenreicher als die Berglandsform infolge der Zunahme der aus benachbarten Ges. eindringenden Arten.

Carex pendula - V a r i a n t e (S u b a s s.?), im Gebiet nur in 2 Beständen vorhanden. Pflanzengeographische Sonderstellung infolge des von den anderen Arten der Ges. abweichenden Areals von *Carex pendula.*

S t a n d o r t : „Auf dem tiefen, oft kaum betretbaren, meist schwarzen, manchmal auch von ausgeschiedenen Eisenverbindungen rot gefärbten Schlamm, der einerseits die schmale Sohle der mehr oder weniger eingeschnittenen Wald-bachtälchen, andererseits die ebenfalls im Walde gelegenen flach ausgebreiteten Quellfluren und schwach eingesenkten Quellrinnen bedeckt. Solche Stellen be-zeichnet man am besten als Waldsümpfe". Wenn man die Ges. nur genügend scharf abgrenzt, hat sie in der Regel keine Bäume (vgl. die entsprechenden Be-stände bei ROLL (1939), WANGERIN (1934), KUHN (1937), OBERDORFER (1938), wo fast keine Bäume, außer künstlicher Fichte, vorkommen). Die Ges. ist aber abhängig vom Waldesschatten. Angaben über den Lichtgenuß in den Vegetationstabellen zeigen mäßigen bis reichlichen Lichtgenuß, in der *Poa remota*-reichen Variante sogar reichen Lichtgenuß.

Ö k o l o g i e. Trotz des wasserdurchtränkten, humuserfüllten Bodens stehen anscheinend keine allzu reichen Nährstoffe zur Verfügung. Die Jahres-leistung an organischer Masse ist gering im Vergleich zum benachbarten Wald. Wasserbewegung ist nicht sehr lebhaft; mehrfach wurde in 20 cm Tiefe glei-artige Beschaffenheit des Schlammes beobachtet, was auf Stillstand des Boden-wassers hinweist. Der Untergrund kommt als Nährstoffquelle nicht in Betracht, weil die Arten der Ges. keine Tiefwurzler sind. Kleine Nährstoffmengen ge-raten von den Talhängen mit abrinnendem Regenwasser in den Waldsumpf hinein, größere Mengen wohl nur durch Überschwemmungen während der Schneeschmelze oder bei Gewitterregen. Häufig Verzicht auf geschlechtliche Ver-mehrung bei *Ranunculus repens, Oxalis, Circaea intermedia* und *alpina, Pri-mula elatior, Glechoma, Lamium Galeobdolon, Ajuga reptans, Scutellaria;* sie wird ersetzt durch ober- und unterirdische Sproßbildung, ohne daß die Pflanzen kümmern. Aufnahme von Wasser durch die Blätter ist bei manchen Arten zu vermuten. Hemikryptophyten beherrschen das Lebensformenbild.

P f l a n z e n g e o g r a p h i s c h e V e r h ä l t n i s s e : Benutzung der WANGERINschen Arealziffern (1935, S. 15 ff.) zur Kennzeichnung der pflanzen-geographischen Gesamtverbreitung der Einzelarten, sowie Anwendung des „Gruppenwertes" von TÜXEN und ELLENBERG (1937) bei der Erfassung des „Arealtypenbildes" (= Arealtypenspektrums) der Ges. Für diese ist charakteri-stisch ein Grundgerüst aus zirkumpolaren, eurasiatischen, und vor allem euro-sibirischen und europäisch-westsibirischen Arten ohne ausgesprochenen Areal-charakter, aber von vorwiegender Verbreitung im gemäßigten Gebiet. Wenige montane Arten spielen als Ausnahmen in der Ges. eine geringe Rolle. Sub-atlantischen oder subatl.-montanen Sondercharakter des Areals besitzen nur wenige unter den wichtigeren Arten, wie *Mnium hornum, Eurhynchium Stokesii, Trichocolea tomentella, Valeriana dioica, Chrysosplenium oppositifolium* und *Lysimachia nemorum, Carex pendula* als südeuropäisch-mitteleuropäische Art fällt, arealgeographisch betrachtet, aus dem Rahmen der Ges. heraus.

F o r s t l i c h e s : Der forstliche Wert der Ges. liegt nicht auf dem Gebiet der Holzerzeugung, sondern ist mittelbar gegeben durch den Ausgleich des Wasserhaushaltes im Waldboden.

L i t e r a t u r über *Cariceto remotae-Fraxinetum:* KOCH (1926), TÜXEN (1937), KÄSTNER (1938), OBERDORFER (1938), ROLL (1939), WANGERIN (1935), ferner die bei MOOR (1938) genannten Arbeiten.

POHL 24, 1941/42, S. 14—15.

Ondřejnik (Mähr.-schles. Beskiden).

Cariceto remotae-Fraxinetum, Eschenwald.

2 Aufn. Baumschicht: Esche herrscht vor, ausgezeichnete Verjüngung; etwas Bergahorn und Stieleiche. Char.-Arten der Ass. und der übergeordneten Einheiten: *Impatiens Noli-tangere, Chrysosplenium alternifolium, Festuca gigantea, Circaea intermedia, Catharinaea undulata, Stellaria nemorum, Geranium Robertianum, Circaea lutetiana, Asperula odorata, Lamium Galeobdolon, Milium effusum, Epilobium montanum, Anemone nemorosa, Paris quadrifolia, Cardamine flexuosa, Lysimachia nemorum.* Begleiter: *Urtica dioica, Athyrium Filix-femina, Ajuga reptans, Mnium undulatum, Chaerophyllum hirsutum, Rumex arifolius, Petasites albus* u. a. Die Bestände sind wohl der Subass. *chrysosplenietosum* TX. 1937 zuzuordnen, sind aber artenärmer als in NW-Deutschland wohl infolge der Höhenlage (760 m). *Carex remota* fehlt völlig.

S t a n d o r t : Die Ges. spielt flächenmäßig nur eine untergeordnete Rolle. In Runsen, die durch Quellen und Rinnsale feucht gehalten werden und in denen im Frühjahr Schmelzwasser abrinnt. Die Standorte der 2 Aufn. sind geröllig, mit Neigungswinkel von 20—25⁰.

KÄSTNER (1941) hat den Unterwuchs als selbständige baumfreie Quellflur-Ges. „*Caricetum remotae*" herausgelöst. Dagegen spricht, daß in gleicher Höhenlage und unter gleichen edaphischen Bedingungen an waldfreien Stellen eine Quellflur von ganz anderer Zusammensetzung vorkommt.

BÜKER 25, 1942, S. 549, 546—548.

Sauerland (südl. Westfalen).

Cariceto remotae-Fraxinetum (KOCH 1926) TX. 1937, Bacheschenwald.

Eine Aufn. an einem 20⁰ geneigten, quelligen Hang bei 310 m. Char.-Arten: *Fraxinus* (Menge: 5), *Carex remota, Veronica montana.* Char.-Arten höherer Einheiten: *Stachys silvaticus, Impatiens Noli-tangere, Milium effusum, Epilobium montanum, Viola silvestris, Moehringia trinervia, Eurhynchium Stokesii.* Begleiter: *Chrysosplenium oppositifolium, Deschampsia caespitosa, Athyrium Filix-femina, Lysimachia nemorum, Ranunculus repens, Scutellaria galericulata, Galium palustre, Valeriana officinalis, Mnium undulatum* u. a. Bisher nur im niedrigeren Randgebiet des sauerländischen Berglandes beobachtet, im höheren zentralen Teil anscheinend fehlend. *Cariceto remotae-Fraxinetum alnetosum incanae* (?).

Die mutmaßlich natürlichen Grauerlen-Bestände, vorläufig als Fragment des *„Alnetum incanae* (BROCKMANN 1907) AICHINGER et SIEGRIST 1930" beschrieben, sind vielleicht ebenfalls dem *Cariceto remotae-Fraxinetum* als besondere Subass. zuzuordnen. 1 Tab. aus 4 Aufn. aus 560—600 m Meereshöhe. Baumschicht aus Grauerle. Diff.-Art: *Chaerophyllum hirsutum* (nur in 1 Aufn.). Char.-Arten des *Fraxino-Carpinion: Carex remota, Impatiens Noli-tangere, Veronica montana, Stachys silvaticus, Stellaria nemorum, Catharinaea undulata, Festuca gigantea, Geum urbanum, Primula elatior, Fraxinus*-Keimling, *Prunus Padus, Ranunculus Ficaria.* An *Fagetalia-* [und übergreifenden *Fagion-*] Arten, z. B. *Carex silvatica, Lamium Galeobdolon, Epilobium montanum.* Begleiter: *Ranunculus repens, Deschampsia caespitosa, Athyrium Filix-femina, Galium palustre, Ajuga reptans, Lysimachia nemorum, Circaea alpina, Cardamine amara, Urtica dioica* u. andere Arten [die alle nicht aus dem Rahmen des *Cariceto remotae-Fraxinetum* herausfallen].

BUCK-FEUCHT 26, 1942, S. 92—93.

Schönberg südl. Freudenstadt (Schwarzwald).

Cariceto remotae-Fraxinetum.

1 Aufn. der Subass. *chrysosplenietosum*, in einer besonderen Höhen-Variante mit Hochstauden (nach TÜXEN). Char.-Arten: *Fraxinus, Impatiens Noli-tangere.* Diff.-Arten: *Chrysosplenium alternifolium, Acer Pseudoplatanus, Chaerophyllum hirsutum, Adenostyles Alliariae. Fraxino-Carpinion*-Arten: *Stachys silvaticus, Festuca gigantea, Fagetalia-*[einschließlich *Fagion-*]Arten: *Paris quadrifolia, Milium effusum, Epilobium montanum, Geranium Robertianum, Prenanthes purpurea, Knautia silvatica.* Begleiter: *Urtica dioica, Circaea alpina, Deschampsia caespitosa, Mnium undulatum, Filipendula Ulmaria* und andere.

KNAPP 27, 1942, S. 77—78.

West- und Mitteleuropa.

Cariceto remotae-Fraxinetum (KOCH 1926) TX. 1937.

Listen der Char.- und Diff.-Arten, zusammengestellt nach 210 nicht mitgeteilten Aufnahmen. Char.-Arten der Hauptassoziation: *Cariceto remotae-Fraxinetum: Cardamine flexuosa, Carex pendula, C. remota, C. strigosa, Cerastium silvaticum, Circaea intermedia, Lysimachia nemorum, Rumex sanguineus, Veronica montana.* Zugehörigkeit zum Verband *Alno-Padion.* Als Char.-Arten dieses Verbandes sind gewertet z. B. *Aegopodium Podagraria, Circaea lutetiana, Festuca gigantea, Stachys silvaticus, Viburnum Opulus, Carex brizoides.*
S t a n d o r t u n d V e r b r e i t u n g : „Das *Cariceto remotae-Fraxinetum* ist optimal entwickelt auf quelligen Rändern langsam dahinfließender Bäche des Hügellandes. Die hierher gehörenden Gesellschaften sind meist Eschen- und Schwarzerlenwälder. Unter diesen ist ein frischgrüner Teppich von hygrophilen Kräutern und eine artenreiche Moosschicht entwickelt. An der oberen Grenze seiner Verbreitung im Gebirge, wo das *Cariceto remotae-Fraxinetum* schmale quellige Streifen am Rande der Bergbäche einnimmt, fehlen dem eigentlichen Bestand oft Bäume. Er wird aber trotzdem reichlich beschattet von den Kronen der angrenzenden Waldbestände. Im Gesamtbild seiner Verbreitung ist ein montan-atlantischer Zug unverkennbar. Von Mittelfrankreich und Eng-

land ist das *Cariceto remotae-Fraxinetum* östlich bis Mitteldeutschland, den Alpen-Ostrand und Kroatien bekannt. Ganz verarmt findet es sich noch in der Neumark."

G l i e d e r u n g in 5 geographischen Assoziationen:

1. *Cariceto remotae-Fraxinetum occidenti-atlanticum,* in Mittelfrankreich und Belgien. Diff.-Arten sind nicht mitgeteilt.
2. *C. r.-F. boreo-germanicum,* in Belgien und Deutschland nördlich des Mains, von wo es stark verarmt bis zur Neumark vordringt. Diff.-Arten: *Cirsium palustre, Dactylis glomerata, Eupatorium cannabinum, Galium Aparine, Poa trivialis, Rumex sanguineus, Solanum Dulcamara* u. a.
3. *C. r.-F. allemannicum,* im Schwarzwald und in der Schweiz. Diff.-Arten: *Abies alba, Carex brizoides, Chaerophyllum hirsutum, Knautia silvatica, Luzula silvatica, Picea excelsa* [ob natürlich?]
4. *C. r.-F. orienti-alpinum,* im Vorland der östlichsten Alpen. Diff.-Arten: *Asarum europaeum, Cardamine trifolia, Euphorbia dulcis, Gentiana asclepiadea, Knautia drymeia, Lysimachia punctata, Salvia glutinosa, Symphytum tuberosum.*
5. *C. r.-F. croaticum,* mit *Acer tataricum, Euphorbia stricta, Genista elata, Leucojum aestivum, Veronica longifolia* und anderen Diff.-Arten. Verbreitungskärtchen Nr. 34.

PREISING 28, 1943, S. 123—125, 137.
Warthegau.

Hauptassoziation *Cariceto remotae-Fraxinetum* TX. 1937 in der geographischen Assoziation *occidenti-balticum* KNAPP 1943.

Artenliste mit Stetigkeit in % und Mengenangabe aus 5 Aufn. Char.-Arten: *Carex remota, Stellaria nemorum* (lokal), *Rumex sanguineus, Cardamine flexuosa.* Von den Char.-Arten des Verbandes *Alno-Padion* KNAPP 1942 mit hoher Stetigkeit vorhanden: *Ulmus campestris, Festuca gigantea, Chaerophyllum temulum, Stachys silvaticus, Aegopodium Podagraria, Circaea lutetiana, Equisetum pratense.* Aus der Liste der Ordn.-Char.-Arten: *Fraxinus excelsior, Acer Pseudoplatanus, Ranunculus lanuginosus, Impatiens Noli-tangere, Geum urbanum, Geranium Robertianum* (alle mit Stetigkeit über 50%) und viele andere geringerer Stetigkeit. Begleiter: *Alnus glutinosa* (Stetigkeit = 100%, Menge + bis 4), *Glechoma hederacea, Mnium undulatum, Athyrium Filix-femina, Deschampsia caespitosa, Urtica dioica, Chrysosplenium alternifolium* (alle mit 100% Stetigkeit), dazu *Poa trivialis, Lysimachia Nummularia, Brachythecium* spec., *Crepis paludosa, Galium Aparine* etc. Hauptholzarten und zugleich die wirtschaftlich wertvollen sind Esche und Schwarzerle mit den durchschnittlichen Ertragsklassen II bzw. III. Reiche Naturverjüngung der Esche. Verjüngung der Schwarzerle meist schwierig. Nebenholzarten sind Feldulme, Spitz- und Bergahorn; sie zeigen ausreichende Verjüngung. Strauchschicht wenig entwickelt. Krautschicht üppig, mit Massenwuchs von *Stellaria nemorum, Carex remota, Ranunculus lanuginosus, Impatiens Noli-tangere.*

S t a n d o r t : Bodenbedingte Dauergesellschaft im Gebiet der Eichen- und unteren Buchenwaldstufe; besiedelt die gelegentlich überschwemmten, schmalen Auen der kaltes und kalkreiches Wasser führenden Bäche oder Quellgründe mit gewöhnlich sehr nassem, schlammigem Grund. Von der baltischen Jungmoräne aus, wo diese Ges. häufiger auftritt, dringt sie nur noch an vereinzelten, sehr begünstigten Standorten bis in den Warthegau vor. Ausdehnung gering. Standort kann nach Entwässerung als Grünland genutzt werden (*Calthion*-Wiesen).

ETTER 29, 1943, S. 47, 49, 61.
Schweizer Mittelland.

Cariceto remotae-Fraxinetum.

Bei der Untersuchung der *Querceto-Carpineten* der Schweiz werden gelegentlich Vergleiche mit dem *Cariceto remotae-Fraxinetum* angestellt. Zugrunde liegen 13 nicht veröffentlichte Bestandesaufnahmen des Verfassers aus dem schweizerischen *Cariceto remotae-Fraxinetum.*

Stetigkeit der erwachsenen Bäume in Wirtschaftswäldern vom Typus des *Cariceto remotae-Fraxinetum: Fraxinus* 100%, *Acer Pseudoplatanus* 85%, *Alnus glutinosa* 77%, *Ulmus montana* 61%, *Fagus* 38%, die übrigen weniger als 30%. Von den Char.-Arten des *Querceto-Carpinetum* fehlen: *Carpinus, Ranunculus auricomus, Carex umbrosa* und *brizoides, Stellaria Holostea, Scilla bifolia;* mit sehr geringer Stetigkeit sind vorhanden: *Pulmonaria officinalis, Ranunculus Ficaria, Prunus avium, Potentilla Fragariastrum, Carex pilosa.*

Vorkommen in quelligen, lehmigen Nischen der Hangfüße innerhalb des schweizerischen *Querceto-Carpinetum*-Areals.

ETTER 30, 1943, S. 108, 109.
Schweiz.

Cariceto remotae-Fraxinetum.

„In tonigen Quellmulden am Fuß der Molassehänge, wo kalkhaltiger Hangschweiß den Boden durchfeuchtet." Zur ausgezeichnet gedeihenden Esche gesellen sich Bergahorn und Schwarzerle, vereinzelt auch andere Holzarten aus der nahen Umgebung. Die Schwarzerle ist standortsgemäßer Nutzholzlieferant, aber es würde nicht zum Guten führen, auf diesem Standort reine Bestände von ihr zu begründen.

SCHWICKERATH 31, 1944, S. 214, 217—218.
Randgebiete des Hohen Venns (Linksrheinisches Schiefergebirge).

Verf. beschreibt eine Quellflur-Ges. *Caricetum remotae* im Sinne von KÄSTNER 1941. 2 Aufn. aus Waldsiefen im *Fagetum* bei 520 m Höhe. Wertung von *Carex remota, Impatiens Noli-tangere, Stellaria nemorum, Lysimachia nemorum* als Char.-Arten der Ass. und des Verbandes *Caricion remotae* KÄSTNER 1941. *Veronica montana* soll auch in dieser Ges. heimisch sein. Baumschicht fehlt*).

S t a n d o r t : An kalten Quellbächen und Siefen der Venn-Randgebiete, an den nährstoffarmen Quellen des Venns selber nicht vorhanden. Bisher nur im Rotbuchenwaldgebiet beobachtet, vielleicht auch tiefer herabsteigend. Langsamere Wasserbewegung als beim *Cardaminetum amarae.*

---

*) Laut briefl. Mitteilung des Herrn Oberstudienrates Dr. M. SCHWICKERATH vom 17. Februar 1944 ist ein *Cariceto remotae-Fraxinetum* im linksrheinischen Schiefergebirge nur im Hunsrück, nämlich im Idarwald, und auch dort nur wenig typisch entwickelt.

Viele Arten der Ges. kehren wieder im „*Alnetum glutinosae caricetosum remotae*" des Gebietes (s. S. 110—113), welches aber *Calamagrostis lanceolata* und *Carex laevigata* enthält, sich vom typischen Erlenbruch mit vorwiegend stauender Nässe unterscheidet durch die Durchsickerung, die im Gegensatz zum *Alnetum glutinosae cardaminetosum amarae* nur zeitweilig und langsamer statt-findet.

KNAPP 32, 1944, S. 1—11 [= 1944 a]

Alpenostrand-Gebiete.

Cariceto remotae-Fraxinetum in den geographischen Assoziationen und stand-örtlichen Subassoziationen *boreo-noricum typicum* und *chrysosplenietosum, greinense chrysosplenietosum, alto-vindobonense typicum* und *chrysosplenie-tosum, medio-stiriacum chrysesplenietosum.*

Mitteilung von je 2 bis mehreren Aufnahmen. Hauptassoziations-Char.-Arten: *Rumex sanguineus, Carex pendula, C. remota, C. strigosa, Lysimachia nemorum, Circaea intermedia, Veronica montana, Chrysosplenium alternifolium, Cardamine flexuosa, Cerastium silvaticum.*

Die Assoziationen *greinense, alto-vindobonense, medio-stiriacum* (besonders letztere) sind mit Diff.-Arten der südosteuropäischen Assoziationsgruppe aus-gestattet: *Cardamine trifolia, Salvia glutinosa, Lysimachia punctata, Symphytum tuberosum, Carex pilosa, Knautia drymeia, Gentiana asclepiadea, Galium ver-num.* Die 3 Assoziationen unterscheiden sich folgendermaßen: das *Cariceto remotae-Fraxinetum greinense* durch die Diff.-Arten *Cardamine trifolia, Senecio Fuchsii, Dryopteris Linnaeana, Polytrichum commune,* das *C. r.-F. alto-vindo-bonense* durch *Carex strigosa, Salvia glutinosa, Scrophularia nodosa, Senecio nemorensis, Lysimachia punctata,* das *C. r.-F. medio-stiriacum* durch *Cerastium silvaticum, Symphytum tuberosum, Vinca minor, Asarum europaeum, Gentiana asclepiadea, Solidago Virga-aurea, Galium vernum.*

Das *C. r.-F. boreo-noricum* enthält Diff.-Arten der Mittelgebirgsgruppe, nämlich *Carex pendula, Lysimachia nemorum, Circaea intermedia, Veronica montana, Primula elatior,* sowie Diff.-Arten der Assoziationsgruppe der niedri-geren Gebirgslagen, nämlich *Viburnum Opulus, Fraxinus excelsior, Primula elatior, Brachypodium silvaticum, Geum urbanum, Alnus glutinosa;* dazu als besondere Diff.-Arten der Ass.: *Carex pendula, Ranunculus lanuginosus, Abies alba, Caltha palustris, Cirsium oleraceum.* Diff.-Arten der Subass. *chrysosplenie-tosum* sind: *Eurhynchium spec., Filipendula Ulmaria, Mnium punctatum, Valeriana dioica, Chrysosplenium alternifolium, Myosotis palustris, Dryopteris Phegopteris, Stellaria nemorum.*

S t a n d o r t : Ufer langsamer oder schnellfließender Bäche, Quellränder, Quellsümpfe, Waldsümpfe. Boden: sehr stark durchfeuchteter, humoser, oft ungekrümelter Lehm, manchmal tonig, manchmal mit Gesteinsblöcken durch-setzt. Gleiflecken erwähnt. 1 Vorkommen mit Kalktuffbildung. Manche Auf-nahmeflächen nur beschattet von angrenzendem Wald, aber an sich baumfrei (Stubben aber zum Teil vorhanden). Mit Ausnahme des *C. r.-F. greinense* (bei 650—910 m aufgenommen) liegen die Aufnahmeflächen zwischen 200 und 400 m Meereshöhe, eben oder fast eben.

KNAPP 33, 1944, S. 1, 8. [= 1944 b]

Einführung des Begriffes Hauptsubassoziation (= Gesamtheit der sich ent-sprechenden Subassoziationen aller geographischen Assoziationen einer Haupt-assoziation).

90

Cariceto remotae-Fraxinetum mit 2 Hauptsubassoziationen: H.-Subass. *typicum* meist an raschfließenden Bächen. H.-Subass. von *Chrysosplenium* mit den Diff.-Arten *Chrysosplenium alternifolium, Ch. oppositifolium, Dryopteris Phegopteris, Equisetum silvaticum, Luzula silvatica, Mnium hornum, Myosotis palustris, Stellaria nemorum, Valeriana dioica;* an quelligen Stellen.

KNAPP 34, 1944, S. 12—13 [= 1944 c]
Unterharz.

Cariceto remotae-Fraxinetum sub-hercynicum, Subass. *chrysosplenietosum.*

Mitteilung von 4 Aufn. An Char.-Arten: *Carex remota, Veronica montana, Lysimachia nemorum, Rumex sanguineus, Cardamine flexuosa.* Als Diff.-Arten der Mittelgebirgsgruppe: *Veronica montana, Lysimachia nemorum, Chrysosplenium oppositifolium.* Als Diff.-Arten der Assoziationsgruppe der niedrigeren Gebirge: *Alnus glutinosa, Ranunculus Ficaria, Geum urbanum.* Diff.-Arten der Assoziation: *Melica uniflora, Veronica Beccabunga, Valeriana sambucifolia.* Als Diff.-Arten der Subass. *chrysosplenietosum: Mnium punctatum, M. hornum, Stellaria nemorum, Myosotis palustris, Valeriana dioica.*

Die Subass. ist in 2 Varianten, von *Alnus glutinosa* und von *Melica uniflora,* ausgebildet.

Auf Silikatgesteinsboden. Fast eben.

KNAPP 35, 1944, S. 16—18 [= 1944 d]
Thüringer Wald.

Cariceto remotae-Fraxinetum alto-hercynicum chrysosplenietosum und *orienti-hercynicum chrysosplenietosum.*

Mitteilung von 5 bzw. 2 Aufn.

Das *Cariceto remotae-Fraxinetum alto-hercynicum chrysosplenietosum* enthält die Hauptass.-Char.-Arten *Carex remota, Cardamine flexuosa, Veronica montana, Lysimachia nemorum, Rumex sanguineus, Circaea intermedia,* als Diff.-Arten der Mittelgebirgsgruppe *Veronica montana, Lysimachia nemorum, Circaea intermedia, Chrysosplenium oppositifolium.* Als Diff.-Arten der Subass. sind vorhanden: die beiden *Chrysosplenium*-Arten, *Mnium punctatum, Myosotis palustris* und *Stellaria nemorum.* In den Aufn. des *Cariceto remotae-Fraxinetum orienti-hercynicum* fehlen von den genannten Hauptass.-Char.-Arten *Cardamine flexuosa* und *Rumex sanguineus.* Die Ass. enthält außer Diff.-Arten der Mittelgebirgsgruppe, nämlich *Circaea intermedia, Lysimachia nemorum, Veronica montana,* auch Diff.-Arten der Assoziationsgruppe der niedrigeren Gebirge, nämlich *Brachypodium silvaticum, Geum urbanum, Fraxinus excelsior.*

S t a n d o r t : Silikatboden. Meereshöhe 470—660 bzw. c. 300 m. Neigung 0—15°.

KNAPP 36, 1944, S. 17, 21, 50—56 [= 1944 e].

Cariceto remotae-Fraxinetum, Bach-Eschen-Erlen-Wald.

Diese Hauptassoziation steht „auf feuchtigkeitsgesättigten Rändern langsam dahinfließender Bäche und in Quelltöpfen in niedrigeren Gebirgen. In der Baumschicht meist Eschen *(Fraxinus excelsior)* und Schwarzerlen *(Alnus gluti-*

nosa). An der oberen Grenze des Verbreitungsgebietes in Gebirgen kann eine
im Bestande wurzelnde Baumschicht fehlen. Jedoch sorgen hier die Kronen der
umstehenden Bäume für Beschattung. Wuchsleistungen der Bäume schlecht bis
gut, manchmal sogar sehr gut. Die Krautschicht bildet einen leuchtendgrünen
Teppich meist feuchtigkeitsliebender Pflanzen. Berg- und Hügelländer des westlichen und mittleren Europa."

Die Übersichtstabelle der *Querceto-Fagetea* auf S. 50 ff. zeigt in Spalte 8 die
Zusammensetzung der Ges. nach 201 Aufn. mit Angabe der Stetigkeit der Arten
(bezogen auf die 201 Aufn.) und Aussonderung der Char.-Arten der Hauptass.
und der übergeordneten soziologischen Einheiten.

Char.-Arten der Hauptass. mit Stetigkeit: *Carex remota* 96, *Carex pendula*
57, *Lysimachia nemorum* 54, *Veronica montana* 45, *Rumex sanguineus* 26, *Circaea intermedia* 22, *Cardamine flexuosa* 17, *Carex strigosa* 15, *Cerastium silvaticum* 4.

Char.-Arten des Verbandes *Alno-Padion* (Auen- und Quellwälder): *Stachys
silvaticus* 57, *Circaea lutetiana* 53, *Festuca gigantes* 52, *Viburnum Opulus* 26,
Aegopodium Podagraria 14, *Rubus caesius* 8, und mit geringster Stetigkeit *Agropyrum caninum, Listera ovata, Lamium maculatum, Euphorbia stricta.*

Char.-Arten der Ordnung *Fagetalia* (Edellaubwälder) zahlreich; *Geranium
Robertianum* 60, *Fraxinus excelsior* 59, *Carex silvatica* 59, *Lamium Galeobdolon* 57, *Impatiens Noli-tangere* 45, *Epilobium montanum* 34, *Brachypodium
silvaticum* 31, *Milium effusum* 31, *Primula elatior* 31, *Geum urbanum* 28, *Scrophularia nodosa* 25, alle übrigen mit noch geringerer Stetigkeit.

Char.-Arten der Klasse *Querceto-Fagetea* (Breitblatt-Laubmischwälder):
wenig zahlreich und sehr wenig stet.

An übergreifenden Arten des *Fagetum* und des diesem übergeordneten Verbandes *Asperulo-Fagion* (Ordnung *Fagetalia)* kommen nur wenige und mit geringer Stetigkeit vor. Die höchsten Stetigkeitszahlen erreichen davon *Asperula
odorata* 29, *Fagus silvatica* 28, *Mycelis muralis* 24, *Dryopteris Filix-mas* 20. So
gut wie ganz fehlen Arten der *Quercetalia pubescentis-sessiliflorae.*

KNAPP 37, 1944, S. 31—32 [= 1944 f].
Negotiner Gebiet, Serbien.

Cariceto remotae-Fraxinetum negotinense typicum, Bach-Eschen-Erlenwald des
Negotiner Gebietes in Serbien.

Eine Aufn. Obere Baumschicht aus *Carpinus Betulus;* untere Baumschicht
aus *Ulmus campestris, Cornus sanguinea.* In II dieselben Arten vereinzelt. In
III Char.-Arten: *Carex remota, C. strigosa, Rumex sanguineus, Cerastium silvaticum, Circaea intermedia;* Verb.-Char.-Arten: *Ranunculus Ficaria, Rubus
caesius, Stachys silvaticus;* Ordn.-Char.-Arten: *Scrophularia nodosa, Carex silvatica, Cardamine impatiens, Glechoma hirsuta, Moehringia trinervia, Geum
urbanum;* Begleiter: *Lysimachia vulgaris, Urtica dioica, Lysimachia Nummularia, Stellaria nemorum, Ranunculus repens, Angelica silvestris, Epilobium
spec., Ajuga reptans, Melissa officinalis, Juncus effusus, Lycopus europaeus,
Eurhynchium spec.*

S t a n d o r t : An durchnäßten Ufern der Bäche des Negotiner Buchen-
gebietes. Der aufgenommene Bestand war stark beweidet; obere Baumschicht
13 m hoch, jung. Boden: völlig durchnäßter, humoser, dunkelgraubrauner,
ungekrümelter, skelettfreier, fetter Lehm; fast eben.

2. GESELLSCHAFTEN, DEREN ZUGEHÖRIGKEIT ZUM BACH-ESCHEN-WALD FRAGLICH IST (Auszüge Nr. 38—46).

ALLORGE 38, 1922, S. 206—209, 213.

Vexin français (nordwestl. von Paris).

„Aulnaie des pentes sur marnes vertes" [Erlenwald der Hänge auf grünen Mergeln].

Aufn. 15—21 der Tab. auf S. 206 ff. Holzarten: Schwarzerle vorherrschend, Esche wenig vorhanden oder fehlend; *Quercus Robur, Salix cinerea* (stet), *Viburnum Opulus, Ribes rubrum*. Krautschicht: *Festuca gigantea, Carex pendula, C. strigosa, C. remota, Cardamine flexuosa, Dipsacus pilosus, Equisetum maximum* (selten), *Scirpus silvaticus, Melandryum rubrum, Primula elatior, Stachys silvaticus, Poa trivialis, Paris quadrifolia, Humulus Lupulus, Rumex sanguineus, Oxalis Acetosella, Circaea lutetiana, Lysimachia nemorum, Eupatorium cannabinum, Cirsium oleraceum, Dryopteris austriaca* ssp. *spinulosa* und ssp. *dilatata, Athyrium Filix-femina, Deschampsia caespitosa, Carex silvatica, Arum maculatum, Juncus effusus, Listera ovata, Urtica dioica, Filipendula Ulmaria, Geum urbanum, Geranium Robertianum, Angelica silvestris, Lysimachia Nummularia, Glechoma hederacea, Ajuga reptans, Lamium Galeobdolon, Scrophularia nodosa, Veronica montana, Galium palustre, Valeriana sambucifolia, Cirsium palustre*, und andere [darunter einige assoziatiosnfremde Arten, wie *Lycopus europaeus, Lythrum Salicaria, Scrophularia alata*, mit nur geringer Stetigkeit.]

Standort: An feuchten Hängen auf grünen Mergeln. Von sumpfigen Stellen im Walde auf den „Plateaux d'argile à meulier" werden erwähnt: *Deschampsia caespitosa, Carex remota, C. pendula, Epilobium obscurum, Festuca gigantea, Circaea lutetiana, Myosotis palustris, Alnus glutinosa, Salix cinerea.* Im Buchenwald der Normandie gibt es feuchte Stellen mit *Festuca gigantea, Melandryum rubrum, Carex remota, C. strigosa, Chrysosplenium oppositifolium, Cardamine flexuosa, Lysimachia nemorum, Galium palustre, Athyrium Filix-femina, Stellaria uliginosa.*

[Die Ges. wird von MOOR (1938, S. 458—459) dem *Cariceto remotae-Fraxinetum* zugeordnet.]

ISSLER 39, 1924, S. 24—30; 1926, S. 159—160, 164—168.

Elsässische Oberrheinebene.

Alneto-Carpinetum, Auwald in der Form *Alneto-Carpinetum*.

Aufn. 1—2 der Tab. auf S. 164 ff. In I: viel *Alnus glutinosa; Quercus Robur* hier optimal (im Illwald bei Schlettstadt häufig mit Durchmesser von 1 m); *Fraxinus excelsior, Ulmus campestris* und *effusa, Acer campestre*. III: in beiden Aufn. vorhanden und teils stärker deckend: *Carex strigosa, Deschampsia caespitosa, Glechoma hederacea, Circaea lutetiana, Stachys silvaticus, Brachypodium silvaticum, Carex silvatica, Filipendula Ulmaria; ferner Geum urbanum, Alliaria officinalis, Lamium Galeobdolon, Rumex silvaticus*) [= silvester? = obtusifolius], Scrophularia nodosa, Geranium Robertianum, Euphorbia stricta, Agropyrum caninum;* einige Geophyten wie *Arum maculatum, Allium ursinum, Ranunculus Ficaria, Anemone nemorosa* und *ranunculoides.* [Ob *Festuca gigantea,*

---

*) MOOR 1938, S. 455, gbt dafür *Rumex sanguineus* an.

Carex remota, Veronica montana, Impatiens Noli-tangere, die auf S. 168 aufgezählt sind, zu den betr. Aufn. gehören, ist nicht ersichtlich.]**)

Die Ges. bildet den Zufluchtsort der wenigen montanen Pflanzen in der Rheinebene, die hier sehr empfindlich sind und leicht bei Störungen verschwinden, z. B. *Carex pendula, Veronica montana.*

V e g e t a t i o n s e n t w i c k l u n g : Das *Alneto-Carpinetum* ist sukzessionsmäßig mit dem Erlenbruchwald [Erlen-Auenwald!] verbunden. Weitere Entwicklung zum *Alneto-Carpinetum.*

V o r k o m m e n : Auwald auf Alluvionen der Ill, z. B. Illwald bei Schlettstadt. Am Ufer des Rheines und in den Vogesen fehlend.

[Von MOOR (1938, S. 459) werden diese Bestände im Zusammenhang mit dem *Cariceto remotae-Fraxinetum* erwähnt.]

**) Nach brieflicher Auskunft des Herrn Prof. Dr. E. ISSLER vom 23. April 1944 gehören die genannten Pflanzenarten in der Tat zu den betr. Aufn. Nr. 1 und 2 der Tab. auf S. 164 ff. Neben Stieleiche und Esche zeigt hier die Feldulme optimale Entwicklung. Der Boden ist ein neutraler bis schwach saurer tiefgründiger Schwemm-(Au-)Lehm.

WANGERIN 40, 1926, S. 246—252, 258—259, 271.
Westpreußen.

Unter den Einzelaufn. von Waldschluchten (quellige Hänge und Bachufer), die in das diluviale Höhengelände eingeschnitten sind, befinden sich solche, die mit dem *Cariceto remotae-Fraxinetum* im Unterwuchs übereinstimmen; aber die Baumschicht wird gebildet aus *Alnus glutinosa,* oder bei manchen ist keine Baumschicht angegeben; es wird die Nachbarschaft von Buchenwald erwähnt.

Aufn. S. 251. „Quellige Waldschlucht". Schattiger Bestand von *Alnus glutinosa* im Buchenwald. *Carex remota, Festuca gigantea, Circaea lutetiana, Stellaria nemorum, Urtica dioica, Ranunculus repens, Athyrium Filix-femina, Equisetum silvaticum, E. palustre, Rumex sanguineus, Cardamine amara, Aegopodium* (fast alle mit höherem Deckungsgrad), *Glyceria nemoralis* [östl. Verbreitung]; dazu *Geranium Robertianum, Lysimachia nemorum, Scutellaria galericulata, Circaea alpina* u. a. An Buchenwaldarten *Mercurialis perennis.* Aufn. S. 249: „Quellige Waldschlucht". *Carex remota, Veronica montana, Circaea lutetiana, Cardamine flexuosa, Chrysosplenium alternifolium, Lysimachia nemorum, Stellaria nemorum, Equisetum silvaticum, Urtica dioica, Scophularia nodosa, Agrostis alba, Stellaria Holostea, Oxalis,* und an Buchenwaldarten *Asperula odorata, Milium effusum, Lamium Galeobdolon.*

Vorkommen von *Veronica montana* im Gebiet in der Regel nicht im Buchenwald, sondern „in feuchten, sich an kleine Waldbrüche anschließenden Senken in Gesellschaft von *Ranunculus repens, R. Ficaria, Carex remota* und dergleichen."

LIBBERT 41, 1930, S. 39—40.
Fallstein (nördliches Harzvorland).

A l n e t u m d e r W a l d b ä c h e.

Artenliste ohne quantitative Angaben. Baumschicht aus vorherrschender Schwarzerle mit Esche. Krautschicht: *Carex remota, Crepis paludosa, Scirpus silvaticus, Scutellaria galericulata, Allium ursinum, Lysimachia vulgaris, Pri-*

mula elatior, Angelica silvestris, Chrysosplenium alternifolium, Valeriana dioica, Lysimachia Nummularia, Filipendula Ulmaria, Ranunculus repens, Solanum Dulcamara, Geranium palustre, G. Robertianum, Eupatorium cannabinum, Rumex sanguineus, Cirsium palustre, Aegopodium Podagraria, Juncus effusus, Urtica dioica u. a. Moose: *Cratoneuron filicinum, Brachythecium rivulare* u. a.

S t a n d o r t : In schmalen Streifen an den Waldbächen des Großen Fallsteins, bedrängt vom umgebenden Wald. Boden stark wasserzügig; Untergrund Muschelkalk.

WANGERIN 42, 1935, S. 157—158.
West- und Ostpreußen.

Equisetum maximum-reiche Siedlungen, deren Standort im nordostdeutschen Flachland meist quellig vernäßte, lehmige Böden an den Hängen von Bachschluchten mit oder ohne Erlenbestand sind. Tab. mit 5 Aufn., die z. T. *Carex remota, C. silvatica, Ajuga reptans, Athyrium Filix-femina, Geranium Robertianum, Glechoma hederacea, Rumex obtusifolius, Stachys silvaticus, Impatiens Noli-tangere, Ranunculus repens, Urtica dioica* und *Scutellaria galericulata* enthalten.

Angabe des pflanzengeographischen Verbreitungstyps der einzelnen Arten.

JOVET 43, 1936, S. 151—152, 153.
Villers-Cotterets (nordöstl. von Paris).

Auf bodenfeuchten Lichtungen im Buchenwald über lehmig-silikatischer Unterlage und am trockeneren Rand von Sumpfgebüschen aus Schwarzerle im Wald von Retz bei Villers-Cotterets wird ein *„Caricetum strigosae"* erwähnt. Unter den aufgezählten Arten befinden sich *Carex remota, C. strigosa* und *C. pendula, Chrysosplenium oppositifolium, Lysimachia nemorum, Festuca gigantea, Stellaria uliginosa, Glyceria fluitans, Circaea lutetiana, Veronica montana, Carex silvatica, Impatiens Noli-tangere, Equisetum maximum;* dazu einige Buchenwald-Vertreter, wie *Asperula odorata* und *Lamium Galeobdolon.*

[Nahe Beziehungen zum *Alneto-Caricetum remotae* von LEMÉE 1937.]

LEMÉE 44, 1937, S. 338—342, 348—359.
Perche (Nordwest-Frankreich).

Alneto-Caricetum remotae.

Tab. mit 10 Aufn. aus dem Perche, Bas-Maine und der Basse-Normandie. Char.-Arten der Ass.: *Carex remota, Lysimachia nemorum, Chrysosplenium oppositifolium, Stellaria uliginosa, Stachys silvaticus, Carex pendula, Deschampsia caespitosa, Festuca gigantea, Agropyrum caninum, Chrysosplenium alternifolium, Cardamine flexuosa, Allium ursinum.* Die exklusive Char.-Art *Carex strigosa* fehlt im Perche, kommt aber in der Nachbarschaft vor. Char.-Arten des Verbandes *Alnion glutinosae: Athyrium Filix-femina, Alnus glutinosa, Ribes rubrum, Carex laevigata, Salix cinerea, Betula pubescens.* Char.-Arten des *Fagion: Circaea lutetiana, Carex silvatica, Euphorbia amygdaloides, Fagus silvatica, Veronica montana, Lamium Galeobdolon, Epilobium montanum, Oxalis Acetosella, Milium effusum, Viola silvestris, Primula elatior, Asperula odorata, Mercurialis perennis, Melica uniflora, Arum maculatum, Paris quadrifolia.*

Hauptsächlichste Begleiter: *Rubus „fruticosus", Ranunculus repens, Rosa* spec., *Geranium Robertianum, Galium palustre, Juncus effusus, Fraxinus excelsior, Quercus Robur, Lonicera Periclymenum, Geum urbanum, Filipendula Ulmaria, Angelica silvestris, Valeriana officinalis, Eupatorium cannabinum, Mentha aquatica, Ajuga reptans, Agrostis alba-genuina, Glyceria fluitans, Glechoma hederacea, Corylus, Crataegus Oxyacantha, Solanum Dulcamara, Ranunculus Flammula, Cardamine pratensis, Lycopus europaeus, Urtica dioica, Cirsium palustre, Brachypodium silvaticum, Mnium undulatum.* Einmal vorhanden: *Viburnum Opulus, Valeriana dioica, Humulus Lupulus, Caltha palustris, Equisetum maximum, Tamus communis* u. a.

Bei geringer, streifenförmiger Ausdehnung an den Bächen besteht die Baumschicht aus Eichen und Buchen des angrenzenden Waldes, bei ausgedehnterem Bestand aus einer eigenen Baumschicht (nach abnehmender Menge geordnet): *Alnus glutinosa, Fraxinus excelsior, Quercus Robur, Fagus silvatica, Corylus, Salix cinerea, Betula pubescens.*

Faziesbildung: Fazies z. B. von kleinen *Carices*, von *Chrysosplenium*, von *Allium ursinum*, von *Ranunculus repens*, von *Circaea lutetiana*.

Gesellschaftshaushalt: Hygrophile Gesellschaft. Vorkommen hauptsächlich an Bachufern; auf der Hochfläche der Feuersteinlehme in schwachen Einsenkungen, deren Oberfläche zeitweilig vom Grundwasserspiegel eben berührt wird. Messungen verschiedener ökologischer Faktoren und Vergleich mit den anderen Erlen-Gesellschaften und den mesophilen Wäldern des Gebietes. Lichtgenuß in der Krautschicht ähnlich oder nur wenig höher als im angrenzenden Hochwald. Bodentemperaturen infolge Beschattung und hohen Wassergehaltes des Bodens niedriger und beständiger als in den mesophilen Wäldern und auch als in den unbewaldeten hygrophilen Pflanzengesellschaften. Lufttemperaturen ähnlich wie in den mesophilen Wäldern, in Bodennähe niedriger als dort. Die Verdunstung ist schwach. Das Sättigungsdefizit nimmt in Bodennähe stark ab. Nur schwache Bodenversauerung; pH = 6,5 bis 5,0. Zusammensetzung der Ges. aus indifferenten und neutro- bis basiphilen Arten, Gehalt an nitrophilen Arten. Porenvolumen, Wasserkapazität und Luftkapazität des Bodens sind günstiger als bei den anderen Erlen-Gesellschaften des Gebietes; es findet eine geringere Auslese durch die Standortsfaktoren statt als in jenen Gesellschaften. Daher ist das *Alneto-Caricetum remotae* artenreicher, nähert sich in ökologischer Hinsicht, floristischer Zusammensetzung und biologischem Spektrum am meisten dem *Querceto-Carpinetum.* Hoher Anteil von Arten mit ganzjähriger Assimilation.

Verbreitung: Im ganzen Pariser Becken und im armorikanischen Massiv verbreitet. Durch folgende atlantische Arten ausgezeichnet: *Chrysosplenium oppositifolium, Carex strigosa, C. laevigata, Ribes rubrum* (= *R. vulgare*).

Gesellschaftssystem: Die Gesellschaft wird zusammen mit dem *Alneto-Macrophorbietum* und dem *Alneto-Sphagnetum* dem *Alnion glutinosae* eingeordnet. [Der *Fagetalia*-Charakter herrscht in dieser Erlengesellschaft aber vor!] Im Pariser Becken wurde die Ges. als *Caricetum strigosae* beschrieben.

Vegetationsentwicklung: Die Sukzession geht bei Austrocknung zum *Querceto-Carpinetum* oder bei gleichzeitiger Versauerung zum azidiphilen *Quercetum ilicetosum*-Klimax. Im Klimaxwald des Gebietes gibt es manchmal feuchtere Flecken mit *Carex, Deschampsia caespitosa. Veronica montana* als Überlebenden eines austrocknenden *Alneto-Caricetum.* Wo an Pfaden und Forstgrenzen Erhöhung der Bodenfeuchtigkeit eintritt, stellt sich das *Alneto-Caricetum* in einer fragmentarischen Form ein.

LIBBERT 45, 1938, S. 123—125.
Plönetal in der Neumark.

Alnetum glutinosae, Erlenbruch, vom Typ der Quellmoore.

Aufn. 1—5 der Tab. S. 123 ff. In I: *Alnus glutinosa* herrschend, wenig *Fraxinus.* In III sind vorhanden: *Carex remota, Circaea alpina, Valeriana officinalis, Festuca gigantea, Impatiens Noli-tangere, Urtica dioica, Deschampsia caespitosa, Geranium Robertianum, Athyrium Filix-femina, Ranunculus repens, Ajuga reptans* und andere Arten [die auch zur charakteristischen Artenkombination des *Cariceto remotae-Fraxinetum* gehören.] An weiteren Feuchtigkeitszeigern *Geum rivale, Equisetum palustre Cirsium oleraceum, Solanum Dulcamara, Eupatorium cannabinum,* mit höherer Stetigkeit; *Lysimachia vulgaris, Malachium aquaticum, Phragmites communis* mit geringer Stetigkeit. Als Quellflur-Arten: *Chrysosplenium alternifolium, Cardamine amara.* Am trockeneren Rand *Lamium Galeobdolon, Mercurialis* und wenige andere *Fagetum*-Arten. Moosschicht aus *Mnium undulatum, hornum* und *affine, Eurhynchium-* und *Brachythecium*-Arten, *Cratoneuron filicinum.*

S t a n d o r t : Quellmoore in Quellnischen oder als Gehängemoore, die dem Lauf des Quellbaches folgen. Boden stets von Wasser überrieselt.

L i t.: HUECK (1931, S. 146—148).

RUNGE 46, 1940, S. 58—61.
Inneres Münsterland (Westfalen).

Cariceto remotae-Fraxinetum chrysosplenietosum TX. 1937, Milzkrautreicher Bach-Eschenwald.

Tab. aus 4 Aufn. ohne Ausscheidung von Char.-Arten und Begleitern. *Fraxinus* in allen 4 Aufn. vorhanden (Menge 1—3); in 2 Aufn. sind vorhanden: *Alnus glutinosa* (1—4), *Quercus Robur* (+ —3), *Carpinus Betulus* (2). Strauchschicht aus *Ribes nigrum* und *rubrum, Prunus Padus, Evonymus europaea, Crataegus* spec., *Cornus sanguinea, Rubus* spec., *Lonicera Periclymenum* etc., ferner *Humulus Lupulus.* Krautschicht: in allen 4 Aufn. kommen vor: *Urtica dioica, Glechoma hederacea, Hedera Helix;* in 3 Aufn.: *Ranunculus Ficaria, Anemone nemorosa, Adoxa Moschatellina, Arum maculatum, Chrysosplenium alternifolium, Milium effusum, Geum urbanum, Scrophularia nodosa, Filipendula Ulmaria;* in 2 Aufn.: *Galium Aparine, Geranium Robertianum, Primula elatior, Veronica hederifolia, Heracleum Sphondylium, Stachys silvaticus, Corydalis solida, Gagea lutea, Rumex sanguineus, Polygonatum multiflorum;* in 1 Aufn.: *Moehringia trinervia, Lamium Galeobdolon, Circaea lutetiana, Festuca gigantea, Carex silvatica, Viola* spec., *Alliaria officinalis, Stellaria Holostea, Lapsana communis, Impatiens Noli-tangere, Oxalis Acetosella, Aegopodium Podagraria, Iris Pseudacorus, Paris quadrifolia, Melandryum rubrum, Epilobium montanum, Valeriana officinalis, Veronica montana, Athyrium Filix-femina, Solanum Dulcamara, Ranunculus repens, Fragaria vesca,* unbestimmte Graminee.

Die natürliche Baumschicht wird wahrscheinlich aus Erle, Esche und Stieleiche gebildet. Gute Eschenverjüngung. Die Buche tritt ganz zurück. Strauchschicht dicht. Krautschicht üppig, deckt den Boden völlig. Gesellig treten auf vor allem *Urtica, Glechoma, Ranunculus Ficaria, Chrysosplenium* und *Impatiens.* „Als sehr charakteristisch kann man bezeichnen: *Chrysosplenium alterni-*

folium, Corydalis solida, Gagea lutea, Veronica hederifolia, Adoxa Moschatellina, Galium Aparine."

S t a n d o r t : Boden kalkhaltig oder nicht kalkhaltig, nach Überschwemmung im Frühjahr mit dünner, weißgrauer Schicht von Kalk oder Ton überzogen. Bodenprofilbeschreibung: A_0 Streu 1—3 cm, keine Humusauflage. A $_{1-2}$ sandiger Lehm (oben mit geringem Gehalt an Bleichkörnern), krümelig, humos, stark durchwurzelt, frisch bis feucht. Von etwa 25 cm Tiefe ab G-Horizont, der sich oben noch wenig von A_{1-2} unterscheidet und dort gut durchwurzelt ist.

V o r k o m m e n   i m   G e b i e t   u n d   w e i t e r e   V e r b r e i t u n g : Ursprüngliche Verbreitung wohl an allen Flüssen und Bächen des inneren Münsterlandes mit Ausnahme der Ems, außer, wo diese das Kreideplateau anschneidet. Heute nur noch in Bruchstücken vorhanden und durch Anpflanzung von Schwarzpappeln gestört oder in Wiesen umgewandelt. Erlen, Eschen und Stieleichen sind häufig angepflanzt. Reste der Ges. finden sich noch an der Werse.

Der Bach-Eschenwald (TÜXEN 1937) ist wohl identisch mit der Erlen-Eschen-Eichen-Aue, *Querceto-Carpinetum alnetosum glutinosae* von OBERDORFER (1936, S. 68 ff.) aus der Oberrheinebene bei Bruchsal, ferner mit dem von KÜMMEL (1937, S. 181/182) beschriebenen „Auwäldchen vom Eichen-Hainbuchentyp" bei Urdenbach südlich Düsseldorf und den von HASSENKAMP (1928, S. 15 ff.) erwähnten Beständen aus Erle, Esche und Eiche mit *Urtica, Stachys silvaticus, Ranunculus Ficaria, Humulus Lupulus* und Gräsern aus der Oberförsterei Erdmannshausen südlich von Bremen auf Böden mit fließendem und zeitweise die Oberfläche berührendem Grundwasser. Ähnlich ist auch eine Aufn. von AICHINGER (1937, S. 166, Nr. 4) aus dem badischen Rhein-Auenwald bei Ettenheim sowie das „flußbegleitende *Alnetum*" der Ilse im Harzvorland (LIBBERT 1930, S. 37—39).

[Die floristische Zusammensetzung (Zurücktreten der Charakterarten des Bach-Eschenwaldes, Auftreten von Geophyten, Abweichung der Holzartenzusammensetzung) sowie die Identifizierung mit dem Erlen-Eschen-Eichen-Auenwald des genannten Verfassers zeigt, daß es sich wohl nicht um ein eigentliches *Cariceto remotae-Fraxinetum* handelt.]

C. Literatur-Verzeichnis.

AICHINGER, E.: Die Waldverhältnisse Südbadens. — Karlsruhe 1937.

38 ALLORGE, P.: Les associations végétales du Vexin français. — Revue générale de Bot. 33, 1—336. Nemours 1922.

20 BARTSCH, J. u. M.: Vegetationskunde des Schwarzwaldes. — Pflanzensoziologie 4. Jena 1940.

21 — Über den natürlichen Gesellschaftsanschluß der Fichte im Schwarzwald und ihren Einfluß auf den Standort bei künstlichem Anbau. — Allg. Forst- u. Jagd-Ztg. 117, 29—48, 63—80. Frankfurt a. M. 1941. [= 1941 a].

22 BARTSCH, J.: Pflanzengesellschaften und Vegetationsstufen im Schwarzwald. — Bot. Jahrb. 72, 131—150. Stuttgart 1941. [= 1941 b].

7 BUCK-FEUCHT, G.: Die Waldgesellschaften in Württemberg. Überblick über den Stand ihrer Kenntnis im Winter 1937/38. — Jahresh. Ver. f. vaterländ. Naturk. in Württ., 93, 35—50. Stuttgart 1937.

26 — In TÜXEN, Rundbrief d. Zentralstelle f. Vegetationskartierung d. Reiches, 1942, Nr. 11. Wiss. Mitt., S. 92—93.

15 BÜKER, R.: Die Pflanzengesellschaften des Meßtischblattes Lengerich in Westfalen (Teutoburgerwald). — Abh. Landesmus. Prov. Westfalen, Mus. f. Naturk., 10, 1—108. Münster 1939.

25 — Beiträge zur Vegetationskunde des südwestfälischen Berglandes. — Beih. Bot. Cbl., Abt. B, 61, 452—558. Dresden 1942.

9 CHRISTIANSEN, W.: Pflanzenkunde von Schleswig-Holstein. — Neumünster (Holstein) 1938.

29 ETTER, H.: Pflanzensoziologische und bodenkundliche Studien an schweizerischen Laubwäldern. — Mitt. d. Schweiz. Anstalt f. d. forstl. Versuchswesen, 23, H. 1, 1—132. Zürich 1943.

30 — Unsere wichtigsten Waldpflanzengesellschaften. — Beiheft zu d. Zeitschriften d. Schweiz. Forstvereins, Nr. 21, 97—112. 1943.

2 FABER, A.: Über Waldgesellschaften auf Kalksteinböden und ihre Entwicklung im Schwäbisch-Fränkischen Stufenland und auf der Alb. — Anhang z. Vers.-Ber. d. Landesgruppe Württ. d. Dtsch. Forstvereins 1936, 1—53. Tübingen 1936.

4 — Erläuterungen zum pflanzensoziologischen Kartenblatt des mittleren Neckar- und des Ammertalgebietes. — Tübingen 1937.

6 FEUCHT, O.: Zur Frage der natürlichen Waldgesellschaften (Assoziationen) Südwestdeutschlands. (Vorläufige Zusammenfassung des Schrifttums.) — Forstl. Wochenschr. Silva, 25, 32—35. Berlin 1937.

10 — Zur Anwendung der Pflanzensoziologie im Waldbau. — Allg. Forst- u. Jagd-Ztg., 114, 297—300. Frankfurt a. M. 1938.
FLÖSSNER, W.: Über die Verbreitung einiger Gräser der Gattungen *Poa, Bromus* und *Glyceria* in Sachsen. — Jahresber. d. Arbeitsgem. sächs. Botaniker f. d. J. 1941, 1, 49—56. Dresden 1942.
GRAEBNER, P.: Die Pflanzenwelt Deutschlands. Lehrbuch der Formationsbiologie. Eine Darstellung der Lebensgeschichte der wildwachsenden Pflanzenvereine und der Kulturflächen. Leipzig 1909.

5 HARTMANN, F. K.: Über die Beschaffung und kartographische Niederlegung standörtlicher und bestandesgeschichtlicher Unterlagen für die forstliche Betriebsführung und ihre praktische Auswertung. — Mitt. a. Forstwirtsch. u. Forstwiss. 1937, 598—634. Hannover 1937.
HASSENKAMP, W.: Der Einfluß von Standort und Wirtschaft auf die Rohhumusbildung in der Oberförsterei Erdmannshausen (Neubruchhausen). — Ztschr. f. Forst- u. Jagdwesen, 60, H. 1. Berlin 1928.

14 HORVAT, I.: Biljnosocioloska istrazivanja suma u Hrvatskoj. (Pflanzensoziologische Walduntersuchungen in Kroatien). — Annal. pro experimentis foresticis, 6, 127 bis 279. Zagreb 1938. (Kroatisch, m. dtsch. Zusfassg. S. 256—279).
HUECK, K.: Erläuterungen zur vegetationskundlichen Karte des Endmoränengebietes von Chorin (Uckermark). — Beitr. z. Naturdenkmalpflege, 14, 105—214. Neudamm/Berlin 1931.

Nummer
der
Auszüge:

39 ISSLER, E.: Les associations végétales des Vosges méridionales et de la plaine rhénane avoisinante. I. Les Forêts. B. Les associations d'arbres résineux et les hêtraies des sommets. — Bull. Soc. d'Hist. nat. de Colmar, 1924, 18, 68—142. Colmar 1925. — C. Documents sociologiques. — Ebenda, 1925, 19, 143—253. Colmar 1926.

43 JOVET: Compte-rendu de l'excursion en Valois (Forêt de Retz) le 15. juin 1935. — Bull. Soc. Bot. de France, 83, 145—155. Paris 1936.

13 KÄSTNER, M.: Pflanzengesellschaften des westsächsischen Berg- und Hügellandes. IV. Die Pflanzengesellschaften der Quellfluren und Bachufer und der Verband der Schwarzerlengesellschaften. — Veröff. d. Landesver. Sächsischer Heimatschutz z. Erforsch. d. Pflanzengesellschaften Sachsens 1938, 69—118. Dresden 1938.

23 — Über einige Waldsumpfgesellschaften, ihre Herauslösung aus den Waldgesellschaften und ihre Neueinordnung. — Beih. Bot. Cbl., Abt. B, 61, 137—207. Dresden 1941.

— Lebensformen und Areale der sächsischen Blütenpflanzen und Gefäßkryptogamen. Jahresber. d. Arbeitsgem. sächs. Botaniker f. d. J. 1941. 1, 4—32. Dresden 1942. — Berichtigungen u. Ergänzungen. — Ebenda, 2, 98—100. Dresden 1942.

27 KNAPP, R.: Zur Systematik der Wälder, Zwergstrauchheiden und Trockenrasen des eurosibirischen Vegetationskreises. — Arb. aus d. Zentralstelle f. Vegetationskartierung d. Reiches. Hannover 1942. (Als Manuskript vervielfältigt).

32 — Vegetationsaufnahmen von Wäldern der Alpenostrand-Gebiete. 6. Auen- und Quellwälder *(Alno-Padion).* — Halle (Saale) 1944. (Als Manuskript vervielfältigt). [= 1944 a].

33 — Die Hauptassoziation, eine neue Einheit im System der Pflanzengesellschaften. — Halle (Saale) 1944. (Als Manuskript vervielfältigt). [= 1944 b].

34 — Vegetationsaufnahmen von Wäldern des Unter-Harzes. — Halle (Saale) 1944. (Als Manuskript vervielfältigt). [= 1944 c].

35 — Vegetationsaufnahmen von Wald-Beständen des Thüringer Waldes. — Halle (Saale) 1944. (Als Manuskript vervielfältigt). [= 1944 d].

36 — Pflanzen, Pflanzengesellschaften und Lebensräume. Teil I und II. — Halle (Saale) 1944. (Als Manuskript vervielfältigt). [= 1944 e].

37 — Vegetationsstudien in Serbien. — Halle (Saale) 1944. (Als Manuskript vervielfältigt). [= 1944 f].

1 KOCH, W.: Die Vegetationseinheiten der Linthebene unter Berücksichtigung der Verhältnisse in der Nordostschweiz. Systematisch-kritische Studie. — Jahrb. St. Gall. Naturwiss. Ges. 61, II. Teil (1925), 1—144. St. Gallen 1926.

KÜMMEL, K.: Beitrag zur Kenntnis einiger Pflanzengesellschaften und ihrer Bodenreaktion in der Umgebung von Düsseldorf. — Decheniana, Verhandl. d. Naturhist. Ver. d. Rheinlande u. Westfalens, 94, 162—198. Bonn 1937.

8 KUHN, K.: Die Pflanzengesellschaften im Neckargebiet der Schwäbischen Alb. — Öhringen 1937.

44 LEMÉE, G.: Recherches écologiques sur la végétation du Perche. — Th. Fac. Sc. Univ. Paris. Paris 1937.

41 LIBBERT, W.: Die Vegetation des Fallsteingebietes. — Mitt. flor.-soz. Arbeitsgem. Niedersachsen. H. 2, 1—66. Osterwiek 1930.

45 — Flora und Vegetation des neumärkischen Plönetales. — Verh. Bot. Ver. Prov. Brandenburg, 78, 72—137. Berlin-Dahlem 1938.

11 MOOR, M.: Zur Systematik der *Fagetalia.* — Ber. Schweiz. Bot. Ges., 48, 417—469. Bern 1938.

12 OBERDORFER, E.: Ein Beitrag zur Vegetationskunde des Nordschwarzwaldes. Erläuterung der vegetationskundlichen Karte Bühlertal-Herrenwies (Bad. Meßtischblatt 73). — Beitr. z. naturkundl. Forschg. in SW-Deutschland, 3, 149—270. Karlsruhe 1938.

24 POHL, F.: Die Wälder des Ondřejnik in den mährisch-schlesischen Beskiden und die Verbreitung von *Melica uniflora* Retz. in den Sudetenländern. — Lotos, 88, 1—28. Prag 1941/42.

28 PREISING, E.: Die Waldgesellschaften des Warthe- und Weichsellandes. — Arbeiten aus d. Zentralstelle f. Veget.-Kartierung des Reiches. 1943. (Als Manuskript vervielfältigt).

16 ROLL, H.: Einige Waldquellen Holsteins und ihre Pflanzengesellschaften. Soziologisch-limnologische Quellenuntersuchungen I. — Bot. Jahrb., 70, 67—94. Stuttgart 1939.

19 — Weitere Waldquellen Holsteins und ihre Pflanzengesellschaften. Soziologisch-limnologische Quellenuntersuchungen II. — Arch. f. Hydrobiol., 36, 424—465. Stuttgart 1940.

46 RUNGE, F.: Die Waldgesellschaften des Inneren der Münsterschen Bucht. (Erläuterung zur Vegetationskundlichen Übersichtskarte (1 : 100.000) des inneren Münsterlandes. — Diss. Münster i. Westf. — Abh. aus dem Landesmus. f. Naturk. d. Prov. Westfalen, 11, H. 2, 1—71. Münster i. Westf. 1940.

17 SCHLENKER, G.: Die natürlichen Waldgesellschaften im Laubwaldgebiet des Württembergischen Unterlandes. Ein vorläufiger Beitrag zur Klärung grundsätzlicher Fragen. — Veröff. Württ. Landesstelle f. Naturschutz, H. 15, 103—140. Stuttgart 1939.

18 — Erläuterungen zum pflanzensoziologischen Kartenblatt Bietigheim. — Tübingen 1940.

     SCHMID, E., DÄNIKER, A. U. und BÄR, J.: Zur Flora und Vegetation des Küsnachtertobels. — Ber. Schweiz. Bot. Ges., 47, 352—362. Bern 1937.

31 SCHWICKERATH, M.: Das Hohe Venn und seine Randgebiete. Vegetation, Boden und Landschaft. — Pflanzensoziologie, 6. Jena 1944.

3 TÜXEN, R.: Die Pflanzengesellschaften Nordwestdeutschlands. — Mitt. flor.-soz. Arbeitsgem. Niedersachsen, H. 3, 1—170. Hannover 1937.

     TÜXEN, R. und ELLENBERG, H.: Der systematische und der ökologische Gruppenwert. Ein Beitrag zur Begriffsbildung und Methodik der Pflanzensoziologie. — Mitt. flor.-soz. Arbeitsgem. Niedersachsen, H. 3, 171—184. Hannover 1937.

40 WANGERIN, W.: Vegetationsstudien im nordostdeutschen Flachlande. I. Schrift. Naturf. Ges. Danzig, 17, 168—272. Danzig 1926.

42 — Beiträge zur pflanzengeographischen Analyse und Charakteristik von Pflanzengesellschaften. In E. RÜBEL: Ergebnisse der I. P. E. durch Mittelitalien 1934. — Veröff. d. Geobot. Inst. Rübel in Zürich, H. 12, 37—162. Bern 1935.

Account about two Wood Communities of Middle Europe on the basis of the Phytosociological Literature

by J. and M. BARTSCH.

I. T h e   F o r e s t   o f   t h e   R a v i n s *(Acereto-Fraxinetum).*

II. T h e A s h - F o r e s t o f t h e B r o o k s *(Cariceto remotae-Fraxinetum).*

S u m m a r y.

In 1931 an international committee, the "Comité International de la S.I.G.M.A. pour une nomenclature et un prodrome phytosociologiques" has recommended to the botanists of the interested 19 countries 1) to compile and to cheque all the results of phytosociological researches gained till then, 2) to warrant through a certain uniformity, e. g. of the nomenclature, in order to facilitate the mutual understanding of the scientists. Utilisation of many plant sociological results for the praxis, e. g. for agriculture and silviculture, will not be possible until a survey is given and the results of the different authors have become comparable by clearing or simplifying the names of plant communities.

The "Institut für angewandte Pflanzensoziologie" (Institute for Applied Plant Sociology) at Arriach, having been attached to the S. I. G. M. A. as Austrian Section since 1931, is assisting in these international tasks by publishing summaries of certain plant communities of the forests. The series of publications begins with I. The forest of the ravins *(Acereto-Fraxinetum)*, II. The ash-forest of the brooks *(Cariceto remotae-Fraxinetum)*.

Each of the plant communities is treated in the following manner: At first a list of the synonyms is given, i. e. a list of the different Latin and German names of the association used by the authors. The nomenclature, especially of the "Schluchtwald", may cause error and throw science into confusion. It is to be hoped that the enumeration and examination of the great number of names may prepare the international adoption of a definite name later on.

In the following part the chief results of sociological researches made are communicated with regard to the association, by taking into consideration the different points of view or interpretations by the authors, their omissions or disagreements. In this part each plant community is characterised by its floristic-sociological structure, by its division into subassociations, facies etc., its habitat and ecology, its distribution and phytogeographical position, finally by its systematical classification and its relation to allied units.

The most voluminous part of the work contains the abstracts of the original works arranged chronologically. This arrangement shows the historical development up to the present state of knowledge. In respect to the forest of the ravins, there are 70 abstracts and 6 other ones concerning the so-called "Schluchtwald"-association which, however, are not identical with the *Acereto-Fraxinetum;* with regard to the ash-forest of the brooks, there are 37 abstracts and 9 other ones of wood-communities concerning and it is questionable whether they really belong to the *Cariceto remotae-Fraxinetum.* The abstracts are given in full particulars so as to enable the reader, if he has no opportunity of using the original works, to compare critically the results and to utilise them for his own investigations.

The reader will easily find his way through the work, because each abstract is marked by a number, which he may find again in the bibliography at the end of the paper as well as in the map of the distribution of the plant community on the respective topographical locality. On the map of the *Acereto-Fraxinetum* all the localities lay within the hatched area of the sycomore *(Acer pseudoplatanus)*, without filling it up.

Abrégé synoptique de deux sociétés forestières de l'Europe Centrale selon la littérature phytosociologique

par J. et M. BARTSCH.

I. La Forêt des ravins *(Acereto-Fraxinetum)*.
II. La Frênaie des ruisseaux *(Cariceto remotae-Fraxinetum)*.

R é s u m é.

Le « Comité International de la S. I. G. M. A. pour une nomenclature et un prodrome phytosociologiques » a recommandé en 1931 aux botanistes des 19 pays intéressés, 1) de recueillir et d'examiner les résultats des recherches phytosociologiques gagnées jusque-là, 2) d'exécuter une certaine unification, par exemple de la nomenclature, qui est nécessaire à l'explication des botanistes scientifiques entre eux. Il n'est pas possible d'appliquer beaucoup de résultats phytosociologiques à la pratique, par exemple à l'agriculture et à la sylviculture, avant qu'un résumé synoptique soit gagné et que les résultats des différents auteurs se soient comparés ou qu'une unification des noms des groupements vegetaux soient survenu.

L' « Institut fuer angewandte Pflanzensoziologie » (Institut de Phytosociologie Appliqué) à Arriach, qui s'est attaché comme Section Autrichienne à la S. I. G. M. A. depuis 1931, prend part à ces taches internationales en publiant des aperçus sur certains groupements forestiers. Les premiers sujets de cette série de publications sont: I. La Forêt des ravins *(Acereto-Fraxinetum)*, et II. La Frênaie des ruisseaux *(Cariceto remotae-Fraxinetum)*.

Chacune des unités végétales sera traitées de la manière suivante: A la tête se trouve une liste des synonymes, c'est-à-dire une liste des différents noms latins et allemands employés par les auteurs. La nomenclature spécialement de la forêt des ravins était jusque-là peu uniforme et très confuse; nous croyons que la juxtaposition des différents noms de l'association pourrait préparer l'adoption internationale d'un seul nom définitif.

Ensuite nous donnons un résumé des résultats principaux des recherches phytosociologiques tenant compte aussi des différents points, dans lesquels existent des différences d'interprétation, des lacunes ou des contradictions. Ce traitement charactérise chaque groupement selon sa structure floristique-sociologique, sa division en sous-associations, facies etc., sa station d'habitation et son écologie, sa distribution et position phytogéographique, enfin selon sa classification systématique et ses relations aux groupements parents.

La partie la plus étendue du travail est formée par les extraits des publications originales, qui sont arrangés en ordre chronologique montrant le développement historique jusqu'à l'état présent de la science. Quant à l' *Acereto-Fraxinetum* il y a 70 traveaux, et 6 autres, qui traitent des associations non identiques mais décrites sous le même nom; quant au *Cariceto remotae-Fraxinetum* il y a 37 extraits, et 9 autres concernant des groupements forestiers, dont l'identité est douteuse. Les extraits sont très détaillés; nous espérons qu'ils mettent le lecteur, qui ne dispose pas des travaux originaux, en état de comparer lui-même avec un seuse critique les résultats faisant et de les utiliser pour ses propres investigations.

En étudiant la publication il sera facile de s'orienter en attention aux numéros des extraits, qu'on retrouve dans la bibliographie à la fin de la publication et aussi sur les cartes de distribution des groupements végétaux. Les localités, qui sont marquées sur la carte de la forêt des ravins, tombent totalement dans l'aire d'habitation haché de l'érable-sycomore *(Acer pseudo-platanus)*, sans le remplir.

Autoren-Register.

Durch Kursivdruck hervorgehoben sind jene Seiten, auf denen Arbeiten des betreffenden Verfassers entweder besprochen oder im Literaturverzeichnis genau angeführt sind.

Inhalt.